Guía completa del servidor VPN: Crea tu propia VPN en la nube

Copyright © 2014-2026 Lin Song. All Rights Reserved.

ISBN 979-8991776226

Tabla de Contenido

1 Introducción

1.1 Por qué crear tu propia VPN

En la era digital actual, la privacidad y la seguridad en línea se han vuelto cada vez más importantes. Los piratas informáticos y otros actores maliciosos buscan constantemente formas de robar información personal y datos confidenciales, por lo que es esencial tomar las medidas necesarias para proteger nuestras actividades en línea.

Una forma de mejorar la privacidad y la seguridad en línea es crear tu propia red privada virtual (VPN), la cual puede ofrecer una gran variedad de beneficios, como:

1. Mayor privacidad: Al crear tu propia VPN, puedes asegurarte de que tu tráfico de Internet esté encriptado y oculto de miradas indiscretas, como tu proveedor de servicios de Internet. El uso de una VPN puede ser especialmente útil al utilizar redes de Wi-Fi no seguras, como las que se encuentran en cafeterías, aeropuertos o habitaciones de hotel. También puede evitar que tus actividades en línea y tus datos personales sean rastreados, monitoreados o interceptados.

2. Mayor seguridad: Los servicios de VPN públicos pueden ser vulnerables a ataques y filtraciones de datos, lo que puede exponer tu información personal a los ciberdelincuentes. Al crear tu propia VPN, puedes tener un mayor control sobre la seguridad de tu conexión y los datos que se transmiten a través de la misma.

3. Rentabilidad: Si bien hay muchos servicios de VPN públicos disponibles, la mayoría de ellos requieren una tarifa de suscripción. Al crear tu propia VPN, puedes evitar estos costos y tener más control sobre su uso de la misma.

4. Acceso a contenido restringido geográficamente: Algunos sitios web y servicios en línea pueden estar restringidos en ciertas regiones, pero al conectarte a un servidor de VPN ubicado en otra región, puedes acceder a contenido que de otra manera no estaría disponible para ti.

5. Flexibilidad y personalización: Crear tu propia VPN te permite personalizar tu experiencia según tus necesidades específicas. Puedes elegir el nivel de cifrado que deseas utilizar, la ubicación del servidor y el protocolo de red, como TCP o UDP. Esta flexibilidad puede ayudarte a optimizar tu VPN para actividades específicas, como juegos, transmisiones o descargas, lo que brinda una experiencia fluida y segura.

En general, crear tu propia VPN puede ser una forma eficaz de mejorar la privacidad y la seguridad en línea, al mismo tiempo que brinda flexibilidad y rentabilidad. Con los recursos y la orientación adecuados, puede ser una inversión valiosa en tu seguridad en línea.

1.2 Acerca de este libro

Este libro es una guía completa para crear tu propio servidor de VPN IPsec, OpenVPN y WireGuard. Los capítulos 2 a 10 cubren la instalación de VPN IPsec, la configuración y administración del cliente, el uso avanzado, la resolución de problemas y más. Los capítulos 11 y 12 cubren la VPN IPsec en Docker y el uso avanzado. Los capítulos 13 a 15 cubren la instalación de OpenVPN, la configuración y administración del cliente. Los capítulos 16 a 18 cubren la instalación de WireGuard VPN, la configuración y administración del cliente.

VPN IPsec, OpenVPN y WireGuard son protocolos de VPN populares y ampliamente utilizados. Internet Protocol Security (IPsec) es un conjunto de protocolos de red seguros. OpenVPN es un protocolo de VPN de código abierto, sólido y altamente flexible. WireGuard es una VPN rápida y moderna diseñada con los objetivos de facilidad de uso y alto rendimiento.

1.3 Primeros pasos

1.3.1 Crear un servidor en la nube

Como primer paso, necesitarás un servidor en la nube o un servidor privado virtual (VPS) para crear tu propia VPN. Para tu referencia, aquí podrás ver algunos proveedores de servidores populares:

- DigitalOcean (https://www.digitalocean.com)

- Vultr (https://www.vultr.com)
- Linode (https://www.linode.com)
- OVH (https://www.ovhcloud.com/en/vps/)
- Hetzner (https://www.hetzner.com)
- Amazon EC2 (https://aws.amazon.com/ec2/)
- Google Cloud (https://cloud.google.com)
- Microsoft Azure (https://azure.microsoft.com)

Primero, elige un proveedor de servidor. Entonces, para comenzar, consulta los enlaces del tutorial (en inglés) o los siguientes pasos de ejemplo para DigitalOcean. Al crear tu servidor, se recomienda seleccionar la última versión de Ubuntu Linux LTS o Debian Linux (Ubuntu 24.04 o Debian 12 al momento de escribir este artículo) como sistema operativo, con 1 GB o más de memoria.

- How to set up a server on DigitalOcean
  https://www.digitalocean.com/community/tutorials/how-to-set-up-an-ubuntu-20-04-server-on-a-digitalocean-droplet
- How to create a server on Vultr
  https://serverpilot.io/docs/how-to-create-a-server-on-vultr/
- Getting started on the Linode platform
  https://www.linode.com/docs/guides/getting-started/
- Getting started with an OVH VPS
  https://docs.ovh.com/us/en/vps/getting-started-vps/
- Create a server on Hetzner
  https://docs.hetzner.com/cloud/servers/getting-started/creating-a-server/
- Get started with Amazon EC2 Linux instances
  https://docs.aws.amazon.com/AWSEC2/latest/UserGuide/index.html
- Create a Linux VM in Google Compute Engine
  https://cloud.google.com/compute/docs/create-linux-vm-instance
- Create a Linux VM in the Azure portal
  https://learn.microsoft.com/en-us/azure/virtual-machines/linux/quick-create-portal

Pasos de ejemplo para crear un servidor en DigitalOcean:

1. Regístrate para crear una cuenta de DigitalOcean: Dirígete al sitio web de DigitalOcean (https://www.digitalocean.com) y regístrate para obtener una cuenta si aún no lo has hecho.

2. Una vez hayas iniciado sesión en el panel de control de DigitalOcean, haz clic en el botón de "Create" en la esquina superior derecha de la pantalla y selecciona "Droplets" en el menú desplegable.

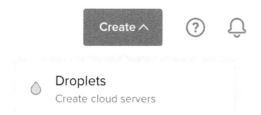

3. Selecciona una región de centro de datos de acuerdo a tus requisitos, p. ej., la más cercana a tu ubicación.

Choose Region

New York		San Francisco	
Singapore		London	

Datacenter

New York • Datacenter 3 • NYC3 ⌄

4. En "Choose an image", selecciona la última versión de Ubuntu Linux LTS (p. ej., Ubuntu 24.04) de la lista de imágenes disponibles.

5. Elige un plan para tu servidor. Puedes seleccionar entre varias opciones de acuerdo a tus necesidades. Para una VPN personal, es probable que un plan básico de CPU compartida con una unidad SSD normal y 1 GB de memoria sea suficiente.

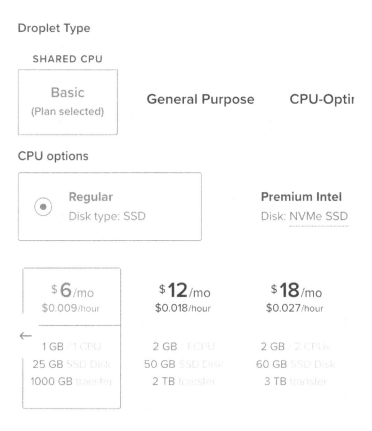

6. Selecciona "Password" como método de autenticación y luego ingresa una contraseña de root segura y fuerte. Para la seguridad de tu servidor, es fundamental que elijas una contraseña de root con las características antes mencionadas. Alternativamente, puedes usar claves SSH para la autenticación.

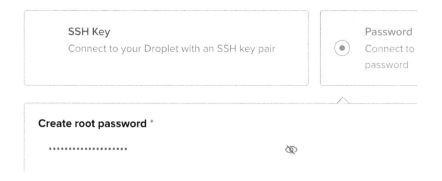

7. Selecciona cualquier opción adicional, como copias de seguridad e IPv6, si lo deseas.

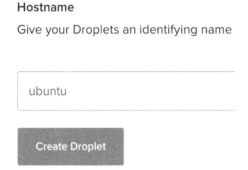

8. Ingresa un nombre de host para tu servidor y haz clic en "Create Droplet".

Hostname

Give your Droplets an identifying name

ubuntu

Create Droplet

9. Espera algunos minutos hasta que se cree el servidor.

Una vez que tu servidor esté listo, puedes conectarse al servidor usando el nombre de usuario root y la contraseña que ingresaste al crear el servidor.

1.3.2 Conectarse al servidor

Una vez creado el servidor, puedes acceder al mismo mediante SSH. Puedes utilizar la terminal en tu computadora local o una herramienta como Git para Windows para conectarte a tu servidor mediante tu dirección IP y tus credenciales de inicio de sesión de root.

Para conectarte a tu servidor mediante SSH desde Windows, macOS o Linux, sigue los pasos a continuación:

1. Abre la terminal en tu computadora. En Windows, puedes utilizar un emulador de terminal como Git para Windows.

Git para Windows: https://git-scm.com/downloads
Descarga la versión portátil y haz doble clic para instalarla. Cuando hayas terminado, abre la carpeta "PortableGit" y haz doble clic para ejecutar "git-bash.exe".

2. Escribe el siguiente comando, reemplazando "username" con tu nombre de usuario (p. ej., "root") y "server-ip" con la dirección IP o el nombre de host de tu servidor:

```
ssh username@server-ip
```

3. Si es la primera vez que te conectas al servidor, es posible que se te pida que aceptes la huella digital de la clave SSH del servidor. Escribe "yes" y presiona enter para continuar.

4. Si estás usando una contraseña para iniciar sesión, se te solicitará que la ingreses. Escribe la misma y presiona enter.

5. Una vez estés autenticado, iniciarás sesión en el servidor a través de SSH. Ahora puedes ejecutar comandos en el servidor a través de la terminal.

6. Para desconectarte del servidor cuando haya terminado, simplemente escribe el comando "exit" y presiona enter.

¡Ahora estás listo para crear tu propia VPN!

2 Crea tu propio servidor de VPN IPsec

Consulta este proyecto en la web: https://github.com/hwdsl2/setup-ipsec-vpn

Crea tu propio servidor de VPN IPsec en tan solo unos minutos, con IPsec/L2TP, Cisco IPsec e IKEv2.

Una VPN IPsec cifra el tráfico de tu red, de modo que nadie entre tú y el servidor VPN pueda espiar tus datos mientras viajan a través de Internet. Esto es especialmente útil cuando se utilizan redes no seguras, p. ej., en cafeterías, aeropuertos o habitaciones de hotel.

Utilizaremos Libreswan (https://libreswan.org/) como servidor de IPsec y xl2tpd (https://github.com/xelerance/xl2tpd) como proveedor de L2TP.

2.1 Características

- Configuración de servidor de VPN IPsec totalmente automatizada, sin necesidad de intervención del usuario
- Admite IKEv2 con cifrados rápidos y seguros (p. ej., AES-GCM)
- Genera perfiles de VPN para configurar automáticamente dispositivos iOS, macOS y Android
- Es compatible con Windows, macOS, iOS, Android, Chrome OS y Linux como clientes de VPN
- Incluye scripts de ayuda para administrar usuarios y certificados de VPN

2.2 Inicio rápido

Primero, prepara tu servidor Linux* con una instalación de Ubuntu, Debian o CentOS. Luego, usa este comando de una línea para configurar un servidor de VPN IPsec:

```
wget https://get.vpnsetup.net -O vpn.sh && sudo sh vpn.sh
```

* Un servidor en la nube, un servidor privado virtual (VPS) o un servidor dedicado.

Tus datos de inicio de sesión de VPN se generarán aleatoriamente y se mostrarán cuando el proceso haya terminado.

Para servidores con un firewall externo (p. ej., Amazon EC2), abre los puertos UDP 500 y 4500 para la VPN.

Ejemplo:

```
==============================================

IPsec VPN server is now ready for use!

Connect to your new VPN with these details:

Server IP: 192.0.2.1
IPsec PSK: [Tu clave precompartida de IPsec]
Username: vpnuser
Password: [Tu contraseña de VPN]

Write these down. You'll need them to connect!

VPN client setup: https://vpnsetup.net/clients


===============================================

===============================================

IKEv2 setup successful. Details for IKEv2 mode:

VPN server address: 192.0.2.1
VPN client name: vpnclient

Client configuration is available at:
/root/vpnclient.p12 (for Windows & Linux)
/root/vpnclient.sswan (for Android)
/root/vpnclient.mobileconfig (for iOS & macOS)

Next steps: Configure IKEv2 clients. See:
https://vpnsetup.net/clients
```

==

Opcional: Instala WireGuard y/o OpenVPN en el mismo servidor. Consulta los capítulos 13 y 16 para obtener más información.

Próximos pasos: Haz que tu computadora o dispositivo utilice la VPN. Consulta:

3.2 Configurar clientes de VPN IKEv2 (recomendado)
5 Configurar clientes de VPN IPsec/L2TP
6 Configurar clientes de VPN IPsec/XAuth ("Cisco IPsec")

Para conocer otras opciones de instalación, lee las secciones a continuación.

▼ Si no puedes descargarlo, sigue los pasos a continuación.

También puedes usar `curl` para descargar:

```
curl -fsSL https://get.vpnsetup.net -o vpn.sh && sudo sh vpn.sh
```

URL de descarga alternativas:

```
https://github.com/hwdsl2/setup-ipsec-vpn/raw/master/vpnsetup.sh
https://gitlab.com/hwdsl2/setup-ipsec-vpn/-/raw/master/vpnsetup.sh
```

2.3 Requisitos

Un servidor en la nube, un servidor privado virtual (VPS) o un servidor dedicado, con una instalación de:

- Ubuntu Linux LTS
- Debian Linux
- CentOS Stream
- Rocky Linux o AlmaLinux
- Oracle Linux
- Amazon Linux 2

▼ Otras distribuciones de Linux compatibles:

- Raspberry Pi OS (Raspbian)

- Kali Linux
- Alpine Linux
- Red Hat Enterprise Linux (RHEL)

Esto también incluye máquinas virtuales Linux en nubes públicas, como DigitalOcean, Vultr, Linode, OVH y Microsoft Azure. Para servidores con un firewall externo (p. ej., EC2/GCE), abre los puertos UDP 500 y 4500 para la VPN.

Implementación rápida en Linode:
https://cloud.linode.com/stackscripts/37239

También está disponible una imagen de Docker preconstruida. Consulta el capítulo 11 para obtener más información.

Los usuarios avanzados pueden configurar el servidor VPN en una Raspberry Pi (https://raspberrypi.com). Primero, inicia sesión en tu Raspberry Pi y abre la Terminal; luego, sigue las instrucciones de este capítulo para instalar la VPN IPsec. Antes de conectarte, es posible que debas reenviar los puertos UDP 500 y 4500 de tu enrutador a la IP local de la Raspberry Pi. Consulta estos tutoriales:
https://stewright.me/2018/07/create-a-raspberry-pi-vpn-server-using-l2tpipsec/
https://elasticbyte.net/posts/setting-up-a-native-cisco-ipsec-vpn-server-using-a-raspberry-pi/

Advertencia: NO ejecutes estos scripts en tu PC o Mac. ¡Solo deben usarse en un servidor!

2.4 Instalación

Primero, actualiza tu servidor con `sudo apt-get update && sudo apt-get dist-upgrade` (Ubuntu/Debian) o `sudo yum update` y reinicia. Esto es opcional, pero es recomendable.

Para instalar la VPN, elige una de las siguientes opciones:

Opción 1: Haz que el script genere credenciales de VPN aleatorias para ti (se mostrarán cuando termine).

```
wget https://get.vpnsetup.net -O vpn.sh && sudo sh vpn.sh
```

Opción 2: Edita el script y proporciona tus propias credenciales de VPN.

```
wget https://get.vpnsetup.net -O vpn.sh
nano -w vpn.sh
# [Reemplázalo con tus propios valores: YOUR_IPSEC_PSK,
# YOUR_USERNAME y YOUR_PASSWORD]
sudo sh vpn.sh
```

Nota: Una PSK IPsec segura debe constar de al menos 20 caracteres aleatorios.

Opción 3: Define tus credenciales de VPN como variables de entorno.

```
# Todos los valores DEBEN colocarse entre 'comillas simples'
# NO uses estos caracteres especiales dentro de los valores: \ " '
wget https://get.vpnsetup.net -O vpn.sh
sudo VPN_IPSEC_PSK='your_ipsec_pre_shared_key' \
VPN_USER='your_vpn_username' \
VPN_PASSWORD='your_vpn_password' \
sh vpn.sh
```

Opcionalmente, puedes instalar WireGuard y/o OpenVPN en el mismo servidor. Consulta los capítulos 13 y 16 para obtener más información. Si tu servidor ejecuta CentOS Stream, Rocky Linux o AlmaLinux, primero instala OpenVPN/WireGuard y luego instala la VPN IPsec.

▼ Si no puedes descargarlo, sigue los pasos a continuación.

También puedes usar `curl` para descargar. Por ejemplo:

```
curl -fL https://get.vpnsetup.net -o vpn.sh && sudo sh vpn.sh
```

URL de descarga alternativas:

```
https://github.com/hwdsl2/setup-ipsec-vpn/raw/master/vpnsetup.sh
https://gitlab.com/hwdsl2/setup-ipsec-vpn/-/raw/master/vpnsetup.sh
```

2.5 Próximos pasos

Haz que tu computadora o dispositivo utilice la VPN. Consulta:

3.2 Configurar clientes de VPN IKEv2 (recomendado)
5 Configurar clientes de VPN IPsec/L2TP
6 Configurar clientes de VPN IPsec/XAuth ("Cisco IPsec")

¡Disfruta de tu propia VPN!

2.6 Notas importantes

Usuarios de Windows: Para el modo IPsec/L2TP, se requiere un cambio único en el registro si el servidor o cliente VPN está detrás de NAT (p. ej., un enrutador doméstico). Consulta el capítulo 7, VPN IPsec: Solución de problemas, sección 7.3.1.

La misma cuenta VPN puede ser utilizada por varios dispositivos. Sin embargo, debido a una limitación de IPsec/L2TP, si deseas conectar varios dispositivos desde detrás del mismo NAT (p. ej., un enrutador doméstico), debes usar el modo IKEv2 o IPsec/XAuth. Para ver o actualizar las cuentas de usuario de VPN, consulta el capítulo 9, VPN IPsec: Administrar usuarios de VPN.

Para servidores con un firewall externo (p. ej., EC2/GCE), abre los puertos UDP 500 y 4500 para la VPN.

Los clientes están configurados para usar Google Public DNS cuando la VPN está activa. Si prefieres otro proveedor de DNS, consulta el capítulo 8, VPN IPsec: Uso avanzado.

La compatibilidad con el kernel podría mejorar el rendimiento de IPsec/L2TP. Está disponible en todos los sistemas operativos compatibles. Los usuarios de Ubuntu deben instalar el paquete `linux-modules-extra-$(uname -r)` y ejecutar `service xl2tpd restart`.

Los scripts harán una copia de seguridad de los archivos de configuración existentes antes de realizar cambios, con el sufijo `.old-date-time`.

2.7 Actualizar Libreswan

Utiliza este comando para actualizar Libreswan (https://libreswan.org) en tu servidor VPN. Verifica la versión instalada con: `ipsec --version`.

```
wget https://get.vpnsetup.net/upg -O vpnup.sh && sudo sh vpnup.sh
```

Registro de cambios:
https://github.com/libreswan/libreswan/blob/main/CHANGES
Anuncio: https://lists.libreswan.org

▼ Si no puedes descargarlo, sigue los pasos a continuación.

También puedes usar `curl` para descargar:

```
curl -fsSL https://get.vpnsetup.net/upg -o vpnup.sh
sudo sh vpnup.sh
```

URL de descarga alternativas:

```
https://github.com/hwdsl2/setup-ipsec-
vpn/raw/master/extras/vpnupgrade.sh
https://gitlab.com/hwdsl2/setup-ipsec-
vpn/-/raw/master/extras/vpnupgrade.sh
```

Nota: xl2tpd se puede actualizar usando el administrador de paquetes de tu sistema, como `apt-get` en Ubuntu/Debian.

2.8 Personalizar las opciones de VPN

2.8.1 Usar servidores DNS alternativos

De forma predeterminada, los clientes están configurados para usar Google Public DNS cuando la VPN está activa. Al instalar la VPN, puedes especificar opcionalmente servidores DNS personalizados para todos los modos de VPN. Ejemplo:

```
sudo VPN_DNS_SRV1=1.1.1.1 VPN_DNS_SRV2=1.0.0.1 sh vpn.sh
```

Utiliza `VPN_DNS_SRV1` para especificar el servidor DNS principal y `VPN_DNS_SRV2` para especificar el servidor DNS secundario (opcional).

A continuación, se incluye una lista de algunos proveedores de DNS públicos populares para tu referencia.

Proveedor	DNS principal	DNS secundario	Notas
Google Public DNS	8.8.8.8	8.8.4.4	Predeterminado
Cloudflare DNS	1.1.1.1	1.0.0.1	Consulta los siguientes enlaces
Quad9	9.9.9.9	149.112.112.112	Bloquea dominios maliciosos
OpenDNS	208.67.222.222	208.67.220.220	Bloquea dominios de phishing
CleanBrowsing	185.228.168.9	185.228.169.9	Filtros de dominio disponibles
NextDNS	Varía	Varía	Bloqueo de anuncios
Control D	Varía	Varía	Bloqueo de anuncios

Obtén más información en los siguientes sitios web:

Google Public DNS: https://developers.google.com/speed/public-dns
Cloudflare DNS: https://1.1.1.1/dns/
Cloudflare para familias: https://1.1.1.1/family/
Quad9: https://www.quad9.net
OpenDNS: https://www.opendns.com/home-internet-security/
CleanBrowsing: https://cleanbrowsing.org/filters/
NextDNS: https://nextdns.io
Control D: https://controld.com/free-dns

Si necesita cambiar los servidores DNS después de la instalación de VPN, consulta el capítulo 8, VPN IPsec: Uso avanzado.

Nota: Si IKEv2 ya está configurado en el servidor, las variables anteriores no tienen efecto para el modo IKEv2. En ese caso, para personalizar las opciones de IKEv2, como los servidores DNS, primero puedes eliminar IKEv2 (consulta la sección 3.8) y luego configurarlo nuevamente utilizando `sudo ikev2.sh`.

2.8.2 Personalizar las opciones de IKEv2

Al instalar la VPN, los usuarios avanzados pueden personalizar opcionalmente las opciones de IKEv2.

Opción 1: Omitir IKEv2 durante la configuración de la VPN y luego configurar IKEv2 utilizando opciones personalizadas.

Al instalar la VPN, puede omitir IKEv2 e instalar únicamente los modos IPsec/L2TP e IPsec/XAuth ("Cisco IPsec"):

```
sudo VPN_SKIP_IKEV2=yes sh vpn.sh
```

(Opcional) Si deseas especificar servidores DNS personalizados para clientes VPN, define `VPN_DNS_SRV1` y, opcionalmente, `VPN_DNS_SRV2`. Consulta la sección anterior.

Después de eso, ejecuta el script auxiliar de IKEv2 para configurar IKEv2 de forma interactiva mediante opciones personalizadas:

```
sudo ikev2.sh
```

Puedes personalizar las siguientes opciones: nombre de DNS del servidor VPN, nombre y período de validez del primer cliente, servidor de DNS para clientes VPN y si deseas proteger con contraseña los archivos de configuración del cliente.

Nota: La variable `VPN_SKIP_IKEV2` no tiene efecto si IKEv2 ya está configurado en el servidor. En ese caso, para personalizar las opciones de IKEv2, primero puedes eliminar IKEv2 (consulta la sección 3.8) y luego configurarlo nuevamente mediante `sudo ikev2.sh`.

Pasos de ejemplo (reemplázalos con tus propios valores):

Nota: Estas opciones pueden cambiar en versiones más actualizadas del script. Lee atentamente antes de seleccionar la opción que desees.

```
$ sudo VPN_SKIP_IKEV2=yes sh vpn.sh
... ... (salida omitida)


$ sudo ikev2.sh


Welcome! Use this script to set up IKEv2 on your VPN server.


I need to ask you a few questions before starting setup. You can
use the default options and just press enter if you are OK with
them.
```

Introduce el nombre de DNS del servidor de VPN:

```
Do you want IKEv2 clients to connect to this server using a DNS
name, e.g. vpn.example.com, instead of its IP address? [y/N] y


Enter the DNS name of this VPN server: vpn.example.com
```

Introduce el nombre y el período de validez del primer cliente:

```
Provide a name for the IKEv2 client.
Use one word only, no special characters except '-' and '_'.
Client name: [vpnclient]


Specify the validity period (in months) for this client
certificate.
Enter an integer between 1 and 120: [120]
```

Especifica los servidores de DNS personalizados:

```
By default, clients are set to use Google Public DNS when the VPN
is active.
Do you want to specify custom DNS servers for IKEv2? [y/N] y


Enter primary DNS server: 1.1.1.1
Enter secondary DNS server (Enter to skip): 1.0.0.1
```

Selecciona si deseas proteger con contraseña los archivos de configuración del cliente:

```
IKEv2 client config files contain the client certificate, private
key and CA certificate. This script can optionally generate a
random password to protect these files.
```

```
Protect client config files using a password? [y/N]
```

Revisa y confirma las opciones de instalación:

```
We are ready to set up IKEv2 now.
Below are the setup options you selected.


==================================


Server address: vpn.example.com
Client name: vpnclient

Client cert valid for: 120 months
MOBIKE support: Not available
Protect client config: No
DNS server(s): 1.1.1.1 1.0.0.1


==================================


Do you want to continue? [Y/n]
```

Opción 2: Personaliza las opciones de IKEv2 mediante variables de entorno.

Al instalar la VPN, puedes especificar opcionalmente un nombre de DNS para la dirección del servidor IKEv2. El nombre del DNS debe ser un nombre de dominio completo (FQDN). Ejemplo:

```
sudo VPN_DNS_NAME='vpn.example.com' sh vpn.sh
```

De forma similar, puedes especificar un nombre para el primer cliente IKEv2. El valor predeterminado es vpnclient si no se especifica.

```
sudo VPN_CLIENT_NAME='your_client_name' sh vpn.sh
```

De forma predeterminada, los clientes están configurados para usar Google Public DNS cuando la VPN está activa. Puedes especificar servidores DNS personalizados para todos los modos de VPN. Ejemplo:

```
sudo VPN_DNS_SRV1=1.1.1.1 VPN_DNS_SRV2=1.0.0.1 sh vpn.sh
```

De forma predeterminada, no se requiere contraseña al importar la configuración del cliente IKEv2. Puedes optar por proteger los archivos de configuración del cliente con una contraseña aleatoria.

```
sudo VPN_PROTECT_CONFIG=yes sh vpn.sh
```

▼ Como referencia: Lista de parámetros de IKEv1 e IKEv2.

Lista de parámetros de IKEv1 con valores predeterminados:

Parámetro IKEv1*	Valor predeterminado	Personalizar (variable de entorno)**
Dirección del servidor (nombre DNS)	-	No, pero puedes conectarte usando un nombre de DNS
Dirección del servidor (IP pública)	Detección automática	VPN_PUBLIC_IP
Clave previamente compartida de IPsec	Generación automática	VPN_IPSEC_PSK
Nombre de usuario de VPN	vpnuser	VPN_USER
Contraseña de VPN	Generación automática	VPN_PASSWORD
Servidores DNS para clientes	Google Public DNS	VPN_DNS_SRV1, VPN_DNS_SRV2
Omitir configuración de IKEv2	no	VPN_SKIP_IKEV2=yes

19

* Estos parámetros de IKEv1 son para los modos IPsec/L2TP e IPsec/XAuth ("Cisco IPsec").

** Define estos como variables de entorno al ejecutar vpn(setup).sh.

Lista de parámetros de IKEv2 con valores predeterminados:

Parámetro IKEv2*	Valor predeterminado
Dirección del servidor (nombre DNS)	-
Dirección del servidor (IP pública)	Detección automática
Nombre del primer cliente	vpnclient
Servidores DNS para clientes	Google Public DNS
Proteger archivos de configuración del cliente	no
Habilitar/Deshabilitar MOBIKE	Habilitar si es compatible
Validez del certificado del cliente****	10 años (120 meses)
Validez del certificado de CA y servidor	10 años (120 meses)
Nombre del certificado de CA	IKEv2 VPN CA
Tamaño de la clave del certificado	3072 bits

Parámetro IKEv2*	Personalizar (variable de entorno)**	Personalizar (inter-activo)***
Dirección del servidor (nombre DNS)	VPN_DNS_NAME	✔
Dirección del servidor (IP pública)	VPN_PUBLIC_IP	✔
Nombre del primer cliente	VPN_CLIENT_NAME	✔
Servidores DNS para clientes	VPN_DNS_SRV1, VPN_DNS_SRV2	✔
Proteger archivos de configuración del cliente	VPN_PROTECT_CONFIG=yes	✔
Habilitar/Deshabilitar MOBIKE	✘	✔

Parámetro IKEv2*	Personalizar (variable de entorno)**	Personalizar (inter-activo)***
Validez del certificado del cliente****	VPN_CLIENT_VALIDITY	✔
Validez del certificado de CA y servidor	✗	✗
Nombre del certificado de CA	✗	✗
Tamaño de la clave del certificado	✗	✗

* Estos parámetros de IKEv2 son para el modo IKEv2.

** Defínelos como variables de entorno al ejecutar vpn(setup).sh o al configurar IKEv2 en modo automático (sudo ikev2.sh --auto).

*** Se pueden personalizar durante la configuración interactiva de IKEv2 (sudo ikev2.sh). Consulta la opción 1 anterior.

**** Usa VPN_CLIENT_VALIDITY para especificar el período de validez del certificado del cliente en meses. Debe ser un número entero entre 1 y 120.

Además de estos parámetros, los usuarios avanzados también pueden personalizar las subredes VPN durante la instalación de la VPN. Consulta el capítulo 8, VPN IPsec: Uso avanzado, sección 8.5.

2.9 Desinstalar la VPN

Para desinstalar IPsec VPN, ejecuta el script auxiliar:

Advertencia: Este script auxiliar eliminará IPsec VPN de tu servidor. Se eliminará **permanentemente** toda la configuración de VPN y se eliminarán Libreswan y xl2tpd. ¡Esto **no se puede deshacer**!

```
wget https://get.vpnsetup.net/unst -O unst.sh && sudo bash unst.sh
```

▼ Si no puedes descargarlo, sigue los pasos a continuación.

También puedes usar curl para descargar:

```
curl -fsSL https://get.vpnsetup.net/unst -o unst.sh
sudo bash unst.sh
```

URL de descarga alternativas:

```
https://github.com/hwdsl2/setup-ipsec-
vpn/raw/master/extras/vpnuninstall.sh
https://gitlab.com/hwdsl2/setup-ipsec-
vpn/-/raw/master/extras/vpnuninstall.sh
```

Para obtener más información, consulta el capítulo 10, VPN IPsec:
Desinstalar la VPN.

3 Guía: Cómo configurar y usar la VPN IKEv2

3.1 Introducción

Los sistemas operativos modernos admiten el estándar IKEv2. El intercambio de claves por Internet (IKE o IKEv2) es el protocolo que se utiliza para configurar una asociación de seguridad (SA) en el conjunto de protocolos IPsec. En comparación con la versión 1 de IKE, IKEv2 contiene mejoras como la compatibilidad con "standard mobility" a través de MOBIKE y una confiabilidad mejorada.

Libreswan puede autenticar clientes IKEv2 en función de certificados de máquina X.509 mediante firmas RSA. Este método no requiere una PSK de IPsec, nombre de usuario o contraseña. Se puede utilizar con Windows, macOS, iOS, Android, Chrome OS y Linux.

De forma predeterminada, IKEv2 se configura automáticamente al ejecutar el script de configuración de la VPN. Si deseas obtener más información sobre la configuración de IKEv2, consulta la sección 3.6 Configurar IKEv2 usando el script auxiliar. Usuarios de Docker, consulten la sección 11.9 Configurar y usar VPN IKEv2.

3.2 Configurar clientes de VPN IKEv2

Nota: Para agregar o exportar clientes IKEv2, ejecuta `sudo ikev2.sh`. Usa `-h` para mostrar el uso. Los archivos de configuración del cliente se pueden eliminar de forma segura después de la importación.

- Windows 7, 8, 10 y 11+
- macOS
- iOS (iPhone/iPad)
- Android
- Chrome OS (Chromebook)
- Linux

- MikroTik RouterOS

3.2.1 Windows 7, 8, 10 y 11+

3.2.1.1 Importación automática de la configuración

Video: Configuración de importación automática de IKEv2 en Windows
Ver en YouTube: https://youtu.be/H8-S35OgoeE

Los usuarios de **Windows 8, 10 y 11+** pueden importar automáticamente la configuración de IKEv2:

1. Transfiere de forma segura el archivo ".p12" generado a tu computadora.
2. Descarga ikev2_config_import.cmd (https://github.com/hwdsl2/vpn-extras/releases/latest/download/ikev2_config_import.cmd) y guarda este script auxiliar en la **misma carpeta** que el archivo ".p12".
3. Haz clic derecho en el script guardado y selecciona **Propiedades**. Haz clic en **Desbloquear** en la parte inferior y entonces haz clic en **Aceptar**.
4. Haz clic derecho en el script guardado, selecciona **Ejecutar como administrador** y sigue las instrucciones.

Para conectarte a la VPN: Haz clic en el ícono de red en la bandeja del sistema, selecciona la nueva entrada de VPN y haz clic en **Conectar**. Una vez conectado, puedes verificar que tu tráfico se esté enrutando correctamente buscando tu dirección IP en Google. Deberías ver "Su dirección IP pública es: IP de tu servidor de VPN".

Si recibes un error al intentar conectarte, consulta la sección 7.2 Solución de problemas de IKEv2.

3.2.1.2 Importar manualmente la configuración

Video: Importación manual de la configuración de IKEv2 en Windows 8/10/11
Ver en YouTube: https://youtu.be/-CDnvh58EJM
Video: Importación manual de la configuración de IKEv2 en Windows 7
Ver en YouTube: https://youtu.be/UsBWmO-CRC0

Alternativamente, los usuarios de **Windows 7, 8, 10 y 11+** pueden importar manualmente la configuración de IKEv2:

1. Transfiere de forma segura el archivo .p12 generado en tu computadora y luego impórtalo al almacén de certificados.

   Para importar el archivo .p12, ejecuta lo siguiente desde un símbolo del sistema con privilegios elevados:

   ```
   # Importa el archivo .p12 (reemplázalo con tu propio valor)
   certutil -f -importpfx "\path\to\your\file.p12" NoExport
   ```

   Nota: Si no hay una contraseña para los archivos de configuración del cliente, presione Enter para continuar o, si importas manualmente el archivo .p12, deja el campo de contraseña en blanco.

   Alternativamente, puedes importar manualmente el archivo .p12:
   https://wiki.strongswan.org/projects/strongswan/wiki/Win7Certs/9

   Asegúrate de que el certificado del cliente esté ubicado en `Personal →` `Certificados`, y el certificado de CA esté ubicado en `Entidades de` `certificación raíz de confianza → Certificados`.

2. En la computadora con Windows, agrega una nueva conexión VPN IKEv2.

   Para **Windows 8, 10 y 11+**, se recomienda crear la conexión VPN utilizando los siguientes comandos desde el símbolo del sistema, para una mejor seguridad y rendimiento.

   ```
   # Crea la conexión de VPN (reemplaza la dirección
   # del servidor con tu propio valor)
   powershell -command ^"Add-VpnConnection ^
     -ServerAddress 'IP de tu servidor de VPN (o nombre DNS)' ^
     -Name 'My IKEv2 VPN' -TunnelType IKEv2 ^
     -AuthenticationMethod MachineCertificate ^
     -EncryptionLevel Required -PassThru^"
   # Establece la configuración de IPsec
   powershell -command ^"Set-VpnConnectionIPsecConfiguration ^
     -ConnectionName 'My IKEv2 VPN' ^
   ```

```
-AuthenticationTransformConstants GCMAES128 ^
-CipherTransformConstants GCMAES128 ^
-EncryptionMethod AES256 ^
-IntegrityCheckMethod SHA256 -PfsGroup None ^
-DHGroup Group14 -PassThru -Force^"
```

Windows 7 no admite estos comandos, puedes crear manualmente la conexión VPN:
https://wiki.strongswan.org/projects/strongswan/wiki/Win7Config/8

Nota: La dirección del servidor que especifiques debe **coincidir exactamente** con la dirección del servidor en la salida del script auxiliar de IKEv2. Por ejemplo, si especificaste el nombre DNS del servidor durante la configuración de IKEv2, debes ingresar el nombre DNS en el campo **Dirección de Internet**.

3. **Este paso es necesario si creaste manualmente la conexión de VPN.**

Habilita cifrados más seguros para IKEv2 con un cambio de registro único. Ejecuta lo siguiente desde un símbolo del sistema con privilegios elevados.

   o Para Windows 7, 8, 10 y 11+

```
REG ADD HKLM\SYSTEM\CurrentControlSet\Services\RasMan\Parameters ^
 /v NegotiateDH2048_AES256 /t REG_DWORD /d 0x1 /f
```

Para conectarte a la VPN: Haz clic en el ícono de red en la bandeja del sistema, selecciona la nueva entrada de VPN y haz clic en **Conectar**. Una vez conectado, puedes verificar que tu tráfico se esté enrutando correctamente buscando tu dirección IP en Google. Deberías ver "Su dirección IP pública es: IP de tu servidor de VPN".

Si recibes un error al intentar conectarte, consulta la sección 7.2 Solución de problemas de IKEv2.

▼ Eliminar la conexión de VPN IKEv2.

Si sigues estos pasos, puedes eliminar la conexión de VPN y, opcionalmente, restaurar el equipo hasta antes de la importación de la configuración de IKEv2.

1. Elimina la conexión de VPN agregada en Configuración de Windows → Red → VPN. Los usuarios de Windows 7 pueden eliminar la conexión de VPN en Centro de redes y recursos compartidos - Cambiar configuración del adaptador.

2. (Opcional) Elimina los certificados IKEv2.

   1. Presiona la tecla de Windows + R y escribe `mmc`, o busca `mmc` en el menú Inicio. Abre *Microsoft Management Console*.

   2. Abre `Archivo` → `Agregar o quitar complemento`. Selecciona agregar `Certificados` y, en la ventana que se abre, selecciona `Cuenta de equipo` → `Equipo local`. Haz clic en `Finalizar` → `Aceptar` para guardar la configuración.

   3. Dirígete a `Personal` → `Certificados` y elimina el certificado de cliente IKEv2. El nombre del certificado es el mismo que el nombre de cliente IKEv2 que especificaste (predeterminado: `vpnclient`). El certificado fue emitido por `IKEv2 VPN CA`.

   4. Dirígete a `Entidades de certificación raíz de confianza` → `Certificados` y elimina el certificado de `IKEv2 VPN CA`. El certificado fue emitido a `IKEv2 VPN CA` por `IKEv2 VPN CA`. Antes de eliminarlo, asegúrate de que no haya otros certificados emitidos por `IKEv2 VPN CA` en `Personal` → `Certificados`.

3. (Opcional. Para usuarios que crearon manualmente la conexión VPN) Restaura la configuración del registro. Ten en cuenta que debes hacer una copia de seguridad del registro antes de editarlo.

   1. Presiona Win+R o busca `regedit` en el menú de Inicio. Abre el *Editor del registro*.

   2. Dirígete a: `HKEY_LOCAL_MACHINE\System\CurrentControlSet\Services\Rasman\Parameters` y elimina el elemento con el nombre

`NegotiateDH2048_AES256`, si existe.

3.2.2 macOS

Video: Configuración de importación y conexión de IKEv2 en macOS
Ver en YouTube: https://youtu.be/E2IZMUtR7kU

Primero, transfiere de forma segura el archivo ".mobileconfig" generado a tu
Mac; luego, haz doble clic y sigue las indicaciones para importarlo como un
perfil de macOS. Si tu Mac ejecuta macOS Big Sur o una versión más
reciente, abre Configuración del Sistema y dirígete a la sección Perfiles para
finalizar la importación. Para macOS Ventura y versiones más recientes, abre
Configuración del Sistema y busca Perfiles. Cuando hayas terminado, verifica
que "IKEv2 VPN" aparezca en Configuración del Sistema → Perfiles.

Para conectarte a la VPN:

1. Abre Configuración del Sistema y dirígete a la sección Red.
2. Selecciona la conexión VPN con "IP de tu servidor de VPN" (o nombre
   DNS).
3. Marca la casilla de verificación **Mostrar estado de VPN en la barra
   de menús**. Para macOS Ventura y versiones más recientes, esta
   configuración se puede cambiar en la sección Configuración del Sistema
   → Centro de control → Solo en la barra de menús.
4. Haz clic en **Conectar** o desliza el interruptor de VPN a la posición ON.

(Función opcional) Activa **VPN On Demand** para iniciar automáticamente
una conexión VPN cuando tu Mac esté conectada a Wi-Fi. Para activarla,
marca la casilla de verificación **Conexión por solicitud** para la conexión
VPN y haz clic en **Aplicar**. Para encontrar esta configuración en macOS
Ventura y versiones posteriores, haz clic en el ícono "i" a la derecha de la
conexión VPN.

Puedes personalizar las reglas de VPN On Demand para excluir
determinadas redes Wi-Fi, como tu red doméstica. Consulta el capítulo 4,
Guía: Personalizar reglas de VPN On Demand de IKEv2 para macOS e iOS.

Una vez conectado, puedes verificar que tu tráfico se esté enrutando correctamente buscando tu dirección IP en Google. Deberías ver "Su dirección IP pública es: IP de tu servidor de VPN".

Si recibes un error al intentar conectarte, consulta la sección 7.2 Solución de problemas de IKEv2.

▼ Eliminar la conexión VPN IKEv2.

Para eliminar la conexión VPN IKEv2, abre Configuración del Sistema → Perfiles y elimina el perfil VPN IKEv2 que agregaste.

3.2.3 iOS

Video: Importación de configuración y conexión de IKEv2 en iOS (iPhone y iPad)
Ver en YouTube: https://youtube.com/shorts/Y5HuX7jk_Kc

Primero, transfiere de forma segura el archivo ".mobileconfig" generado a tu dispositivo y luego impórtalo como un perfil de iOS. Para transferir el archivo, puedes:

1. Usar AirDrop, o
2. Cargar el archivo en tu dispositivo (en cualquier carpeta de aplicaciones) usando compartir archivos (https://support.apple.com/es-us/119585); luego, abre la aplicación "Archivos" en tu dispositivo iOS y mueve el archivo cargado a la carpeta "iPhone". Después, toca el archivo y dirígete a la aplicación "Configuración" para importarlo, o
3. Alojar el archivo en un sitio web seguro propio y luego descargarlo e importarlo en Mobile Safari.

Cuando hayas terminado, asegúrate de que "IKEv2 VPN" aparezca en Configuración → General → Admin. de dispositivos y VPN o Perfil(es).

Para conectarte a la VPN:

1. Dirígete a Configuración → VPN. Selecciona la conexión VPN con IP de tu servidor de VPN (o nombre DNS).
2. Desliza el interruptor **VPN** a la posición ON.

(Función opcional) Habilita **VPN On Demand** para iniciar automáticamente una conexión VPN cuando tu dispositivo iOS esté conectado a Wi-Fi. Para habilitarlo, toca el ícono "i" a la derecha de la conexión VPN y habilita **Conexión por solicitud**.

Puedes personalizar las reglas de VPN On Demand para excluir determinadas redes Wi-Fi, como tu red doméstica, o para iniciar la conexión VPN tanto en Wi-Fi como en la red celular. Consulta el capítulo 4, Guía: Personalizar reglas de VPN On Demand de IKEv2 para macOS e iOS.

Una vez conectado, puedes verificar que tu tráfico se esté enrutando correctamente buscando tu dirección IP en Google. Deberías ver "Su dirección IP pública es: IP de tu servidor de VPN".

Si recibes un error al intentar conectarte, consulta la sección 7.2 Solución de problemas de IKEv2.

▼ Eliminar la conexión VPN IKEv2.

Para eliminar la conexión VPN IKEv2, abre Configuración → General → Admón. de dispositivos y VPN o Perfil(es) y elimina el perfil VPN IKEv2 que agregaste.

3.2.4 Android

3.2.4.1 Usar el cliente VPN strongSwan

Video: Conéctate usando el cliente VPN strongSwan de Android
Ver en YouTube: https://youtu.be/i6j1N_7cI-w

Los usuarios de Android pueden conectarse utilizando el cliente VPN strongSwan (recomendado).

1. Transfiere de forma segura el archivo ".sswan" generado a tu dispositivo Android.
2. Instala strongSwan VPN Client desde **Google Play**.
3. Inicia strongSwan VPN Client.
4. Pulsa el menú "más opciones" en la parte superior derecha y, entonces, pulsa **Import VPN profile**.

5. Elige el archivo ".sswan" que has transferido desde el servidor VPN.
   Nota: Para encontrar el archivo ".sswan", pulsa el botón de menú de tres líneas y, entonces, busca la ubicación en la que has guardado el archivo.
6. En la pantalla "Import VPN profile", pulsa **Import certificate from VPN profile** y sigue las indicaciones.
7. En la pantalla "Seleccionar certificado", selecciona el nuevo certificado de cliente y, entonces, pulsa **Seleccionar**.
8. Pulsa **Import**.
9. Pulsa el nuevo perfil de VPN para conectarte.

(Función opcional) Puedes habilitar la función "VPN siempre activada" en Android. Inicia la aplicación **Ajustes**, ve a Redes e Internet → VPN, haz clic en el icono de engranaje a la derecha de "strongSwan VPN Client" y, entonces, habilita las opciones **VPN siempre activada** y **Bloquear conexiones sin VPN**.

Una vez conectado, puedes verificar que tu tráfico se esté enrutando correctamente buscando tu dirección IP en Google. Deberías ver "Su dirección IP pública es: `IP de tu servidor de VPN`".

Si recibes un error al intentar conectarte, consulta la sección 7.2 Solución de problemas de IKEv2.

Nota: Si tu dispositivo ejecuta Android 6.0 (Marshmallow) o una versión anterior, para poder conectarte mediante el cliente VPN strongSwan, debes realizar el siguiente cambio en el servidor VPN: edita `/etc/ipsec.d/ikev2.conf` en el servidor. Agrega `authby=rsa-sha1` al final de la sección `conn ikev2-cp`, con dos espacios de sangría. Guarda el archivo y ejecuta `service ipsec restart`.

3.2.4.2 Usar el cliente IKEv2 nativo

Video: Conéctese usando el cliente VPN nativo en Android 11+
Ver en YouTube: https://youtu.be/Cai6k4GgkEE

Los usuarios de Android 11+ también pueden conectarse usando el cliente IKEv2 nativo.

1. Transfiere de forma segura el archivo `.p12` generado a tu dispositivo Android.

31

2. Abre la aplicación **Ajustes**.

3. Dirígete a Seguridad → Cifrado y credenciales.

4. Pulsa **Instalar certificados**.

5. Pulsa **Certificado de usuario**.

6. Elige el archivo `.p12` que transferiste desde el servidor VPN.

   Nota: Para encontrar el archivo `.p12`, toca el botón de menú de tres líneas y luego navega hasta la ubicación donde guardaste el archivo.

7. Ingresa un nombre para el certificado y luego toca **Aceptar**.

8. Dirígete a Ajustes → Redes e Internet → VPN y luego toca el botón "+".

9. Ingresa un nombre para el perfil de VPN.

10. Selecciona **IKEv2/IPSec RSA** en el menú desplegable **Tipo**.

11. Ingresa `IP de tu servidor de VPN` (o nombre DNS) en **Dirección del servidor**.

    Nota: Esta debe **coincidir exactamente** con la dirección del servidor en la salida del script auxiliar IKEv2.

12. Ingresa lo que desees para el **Identificador de IPSec**.

    Nota: Este campo no debería ser obligatorio. Es un error en Android.

13. Selecciona el certificado que importaste del menú desplegable **Certificado de usuario de IPSec**.

14. Selecciona el certificado que importaste del menú desplegable **Certificado de CA de IPSec**.

15. Selecciona **(Recibido del servidor)** en el menú desplegable **Certificado de servidor IPSec**.

16. Pulsa **Guardar**. Luego, toca la nueva conexión VPN y pulsa **Conectar**.

Una vez conectado, puedes verificar que tu tráfico se esté enrutando correctamente buscando tu dirección IP en Google. Deberías ver "Su dirección IP pública es: `IP de tu servidor de VPN`".

Si recibes un error al intentar conectarte, consulta la sección 7.2 Solución de problemas de IKEv2.

3.2.5 Chrome OS

Primero, en tu servidor VPN, exporta el certificado CA como "ca.cer":

```
sudo certutil -L -d sql:/etc/ipsec.d \
  -n "IKEv2 VPN CA" -a -o ca.cer
```

Transfiere de forma segura los archivos ".p12" y "ca.cer" generados a tu dispositivo Chrome OS.

Instala los certificados de usuario y CA:

1. Abre una nueva pestaña en Google Chrome.
2. En la barra de direcciones, ingresa:
   chrome://settings/certificates
3. **(Importante)** Haz clic en **Importar y vincular**, no en **Importar**.
4. En el cuadro que se abre, elige el archivo ".p12" que transferiste desde el servidor VPN y selecciona **Abrir**.
5. Haz clic en **Aceptar** si el certificado no tiene contraseña. De lo contrario, ingresa la contraseña del certificado.
6. Haz clic en la pestaña **Entidades emisoras**. Luego, haz clic en **Importar**.
7. En el cuadro que se abre, selecciona **Todos los archivos** en el menú desplegable de la parte inferior izquierda.
8. Elige el archivo "ca.cer" que transferiste desde el servidor VPN y selecciona **Abrir**.
9. Mantén las opciones predeterminadas y haz clic en **Aceptar**.

Agrega una nueva conexión de VPN:

1. Dirígete a Configuración → Red.
2. Haz clic en **Añadir conexión** y, entonces, en **Añadir VPN integrada**.
3. Ingresa lo que desees para el **Nombre de servicio**.
4. Selecciona **IPsec (IKEv2)** en el menú desplegable **Tipo de proveedor**.
5. Ingresa IP de tu servidor de VPN (o nombre DNS) en el **Nombre de host del servidor**.
6. Selecciona **Certificado de usuario** en el menú desplegable **Tipo de autenticación**.
7. Selecciona **IKEv2 VPN CA [IKEv2 VPN CA]** en el menú desplegable **Certificado CA del servidor**.
8. Selecciona **IKEv2 VPN CA [nombre del cliente]** en el menú desplegable **Certificado de usuario**.
9. Deja los demás campos en blanco.
10. Habilita **Guardar la identidad y la contraseña**.
11. Haz clic en **Conectar**.

Una vez conectado, verás un ícono de VPN superpuesto al ícono de estado de la red. Puedes verificar que tu tráfico se esté enrutando correctamente buscando tu dirección IP en Google. Deberías ver "Su dirección IP pública es: `IP de tu servidor de VPN`".

(Función opcional) Puedes optar por habilitar la función "VPN siempre activada" en Chrome OS. Para administrar esta configuración, dirígete a Configuración → Red y, luego, haz clic en **VPN**.

Si recibes un error al intentar conectarte, consulta la sección 7.2 Solución de problemas de IKEv2.

3.2.6 Linux

Antes de configurar los clientes VPN de Linux, debes realizar el siguiente cambio en el servidor VPN: edita `/etc/ipsec.d/ikev2.conf` en el servidor. Agrega `authby=rsa-sha1` al final de la sección `conn ikev2-cp`, con dos espacios de sangría. Guarda el archivo y ejecuta `service ipsec restart`.

Para configurar tu computadora Linux para que se conecte a IKEv2 como cliente VPN, primero instala el complemento strongSwan para NetworkManager:

```
# Ubuntu y Debian
sudo apt-get update
sudo apt-get install network-manager-strongswan


# Arch Linux
sudo pacman -Syu  # actualizar todos los paquetes
sudo pacman -S networkmanager-strongswan


# Fedora
sudo yum install NetworkManager-strongswan-gnome


# CentOS
sudo yum install epel-release
sudo yum --enablerepo=epel install NetworkManager-strongswan-gnome
```

A continuación, transfiere de forma segura el archivo `.p12` generado desde el servidor VPN a tu computadora Linux. Después de eso, extrae el certificado CA, el certificado del cliente y la clave privada. Reemplaza `vpnclient.p12` en el ejemplo a continuación por el nombre de tu archivo `.p12`.

```
# Ejemplo: extrae el certificado de CA, el certificado
#          de cliente y la clave privada. Puedes eliminar
#          el archivo .p12 cuando hayas terminado.
# Nota: es posible que debas ingresar la contraseña
#       de importación, que se puede encontrar en el
#       resultado del script auxiliar de IKEv2. Si el
#       resultado no contiene una contraseña de importación,
#       presiona Enter para continuar.
# Nota: si utilizas OpenSSL 3.x (ejecuta "openssl version"
#       para comprobarlo), agrega "-legacy" a los 3 comandos
#       siguientes.
openssl pkcs12 -in vpnclient.p12 -cacerts -nokeys -out ca.cer
openssl pkcs12 -in vpnclient.p12 -clcerts -nokeys -out client.cer
openssl pkcs12 -in vpnclient.p12 -nocerts -nodes  -out client.key
rm vpnclient.p12


# (Importante) Proteger los archivos de certificado
#              y clave privada
# Nota: Este paso es opcional, pero muy recomendable.
sudo chown root:root ca.cer client.cer client.key
sudo chmod 600 ca.cer client.cer client.key
```

A continuación, puedes configurar y habilitar la conexión VPN:

1. Dirígete a Configuración → Red → VPN. Haz clic en el botón +.
2. Selecciona **IPsec/IKEv2 (strongswan)**.
3. Ingresa lo que desees en el campo **Nombre**.
4. En la sección **Puerta de enlace (servidor)**, ingresa IP de tu servidor de VPN (o nombre DNS) en **Dirección**.
5. Selecciona el archivo `ca.cer` para el **Certificado**.
6. En la sección **Cliente**, selecciona **Certificado (/clave privada)** en el menú desplegable **Autenticación**.

7. Selecciona **Certificado/clave privada** en el menú desplegable **Certificado** (si existe).

8. Selecciona el archivo `client.cer` para el **Certificado (archivo)**.

9. Selecciona el archivo `client.key` para la **Clave privada**.

10. En la sección **Opciones**, marca la casilla de verificación **Solicitar una dirección IP interna**.

11. En la sección **Propuestas de cifrado (algoritmos)**, marca la casilla de verificación **Habilitar propuestas personalizadas**.

12. Deja el campo **IKE** en blanco.

13. Ingresa `aes128gcm16` en el campo **ESP**.

14. Haz clic en **Agregar** para guardar la información de conexión VPN.

15. Enciende el interruptor **VPN**.

Alternativamente, puedes conectarte usando la línea de comandos. Consulta los siguientes enlaces para ver ejemplos de pasos:

https://github.com/hwdsl2/setup-ipsec-vpn/issues/1399

https://github.com/hwdsl2/setup-ipsec-vpn/issues/1007

Si aparece el error `Could not find source connection`, edita `/etc/netplan/01-netcfg.yaml` y reemplaza `renderer: networkd` por `renderer: NetworkManager`; luego, ejecuta `sudo netplan apply`. Para conectarte a la VPN, ejecuta `sudo nmcli c up VPN`. Para desconectarte, ejecuta `sudo nmcli c down VPN`.

Una vez conectado, puedes verificar que tu tráfico se esté enrutando correctamente buscando tu dirección IP en Google. Deberías ver "Su dirección IP pública es `IP de tu servidor de VPN`".

Si recibes un error al intentar conectarte, consulta la sección 7.2 Solución de problemas de IKEv2.

3.2.7 MikroTik RouterOS

Los usuarios avanzados pueden configurar la VPN IKEv2 en MikroTik RouterOS. Consulta la sección "RouterOS" en la guía IKEv2 para obtener más información:

https://github.com/hwdsl2/setup-ipsec-vpn/blob/master/docs/ikev2-howto.md#routeros

3.3 Administrar clientes de VPN IKEv2

Después de configurar el servidor de VPN, puedes administrar los clientes de VPN IKEv2 siguiendo las instrucciones de esta sección. Por ejemplo, puedes agregar nuevos clientes de IKEv2 al servidor para sus computadoras y dispositivos móviles adicionales, listar los clientes de VPN existentes o exportar la configuración de un cliente existente.

Para administrar clientes de VPN IKEv2, primero conéctese a tu servidor usando SSH, luego ejecuta:

```
sudo ikev2.sh
```

Verás las siguientes opciones:

```
IKEv2 is already set up on this server.

Select an option:
  1) Add a new client
  2) Export config for an existing client
  3) List existing clients
  4) Revoke an existing client
  5) Delete an existing client
  6) Remove IKEv2
  7) Exit
```

Luego puedes ingresar la opción que desees para administrar clientes de IKEv2.

Nota: Estas opciones pueden cambiar en versiones más actualizadas del script. Lee atentamente antes de seleccionar la opción que desees.

Alternativamente, puedes ejecutar `ikev2.sh` con opciones de línea de comandos. Vea a continuación para obtener más información.

3.3.1 Agregar un nuevo cliente de IKEv2

Para agregar un nuevo cliente de IKEv2:

1. Selecciona la opción 1 del menú, escribiendo 1 y presionando Enter.

37

2. Proporciona un nombre para el nuevo cliente.

3. Especifica el período de validez del nuevo certificado de cliente.

Alternativamente, puedes ejecutar "ikev2.sh" con la opción "--addclient". Utiliza la opción "-h" para mostrar el uso.

```
sudo ikev2.sh --addclient [nombre del cliente]
```

Próximos pasos: Configurar clientes de VPN IKEv2. Consulta la sección 3.2 para obtener más información.

3.3.2 Exportar un cliente existente

Para exportar la configuración de IKEv2 para un cliente existente:

1. Selecciona la opción 2 del menú, escribiendo 2 y presionando Enter.
2. De la lista de clientes existentes, ingresa el nombre del cliente que deseas exportar.

Alternativamente, puedes ejecutar "ikev2.sh" con la opción "--exportclient".

```
sudo ikev2.sh --exportclient [nombre del cliente]
```

3.3.3 Listar clientes existentes

Selecciona la opción 3 del menú, escribiendo 3 y presionando enter. El script mostrará una lista de clientes IKEv2 existentes.

Alternativamente, puedes ejecutar "ikev2.sh" con la opción "--listclients".

```
sudo ikev2.sh --listclients
```

3.3.4 Revocar un cliente de IKEv2

En determinadas circunstancias, puede que necesites revocar un certificado de cliente de IKEv2 generado anteriormente.

1. Selecciona la opción 4 del menú, escribiendo 4 y presionando enter.
2. De la lista de clientes existentes, ingresa el nombre del cliente que deseas revocar.

3. Confirma la revocación del cliente.

Alternativamente, puedes ejecutar "ikev2.sh" con la opción "--revokeclient".

```
sudo ikev2.sh --revokeclient [nombre del cliente]
```

3.3.5 Eliminar un cliente de IKEv2

Importante: Eliminar un certificado de cliente de la base de datos de IPsec **no** impedirá que los clientes VPN se conecten utilizando ese certificado. Para este caso de uso, **debes** revocar el certificado de cliente en lugar de eliminarlo.

Advertencia: El certificado de cliente y la clave privada se **eliminarán de forma permanente**. ¡Esto **no se puede deshacer**!

Para eliminar un cliente de IKEv2 existente:

1. Selecciona la opción 5 del menú, escribiendo 5 y presionando Enter.
2. De la lista de clientes existentes, ingresa el nombre del cliente que deseas eliminar.
3. Confirma la eliminación del cliente.

Alternativamente, puedes ejecutar "ikev2.sh" con la opción "--deleteclient".

```
sudo ikev2.sh --deleteclient [nombre del cliente]
```

▼ Alternativamente, puedes eliminar manualmente un certificado de cliente.

1. Lista los certificados en la base de datos IPsec:

   ```
   certutil -L -d sql:/etc/ipsec.d
   ```

   Salida de ejemplo:

   ```
   Certificate Nickname   Trust Attributes
                          SSL,S/MIME,JAR/XPI

   IKEv2 VPN CA           CTu,u,u
   ($PUBLIC_IP)           u,u,u
   vpnclient              u,u,u
   ```

2. Elimina el certificado del cliente y la clave privada. Reemplaza "Nickname" a continuación por el apodo del certificado del cliente que desea eliminar, p. ej., `vpnclient`.

```
certutil -F -d sql:/etc/ipsec.d -n "Nickname"
certutil -D -d sql:/etc/ipsec.d -n "Nickname" 2>/dev/null
```

3. (Opcional) Elimina los archivos de configuración del cliente generados previamente (archivos `.p12`, `.mobileconfig` y `.sswan`) para este cliente VPN, si los hubiera.

3.4 Cambiar la dirección del servidor IKEv2

En determinadas circunstancias, es posible que debas cambiar la dirección del servidor IKEv2 después de la configuración. Por ejemplo, para cambiar a un nombre DNS o después de que cambie la IP del servidor. Ten en cuenta que la dirección del servidor que especifiques en los dispositivos cliente VPN debe **coincidir exactamente** con la dirección del servidor en la salida del script auxiliar IKEv2. De lo contrario, es posible que los dispositivos no puedan conectarse.

Para cambiar la dirección del servidor, ejecuta el script auxiliar y sigue las indicaciones.

```
wget https://get.vpnsetup.net/ikev2addr -O ikev2addr.sh
sudo bash ikev2addr.sh
```

Importante: Después de ejecutar este script, debes actualizar manualmente la dirección del servidor (y la ID remota, si corresponde) en cualquier dispositivo cliente IKEv2 existente. Para los clientes iOS, deberás ejecutar `sudo ikev2.sh` para exportar el archivo de configuración del cliente actualizado e importarlo al dispositivo iOS.

3.5 Actualizar el script auxiliar de IKEv2

El script auxiliar de IKEv2 se actualiza periódicamente para corregir errores y realizar mejoras. Consulta el siguiente enlace para ver el registro de confirmaciones:

https://github.com/hwdsl2/setup-ipsec-vpn/commits/master/extras/ikev2setup.sh

Cuando haya una versión más reciente disponible, puedes actualizar opcionalmente el script auxiliar de IKEv2 en tu servidor. Ten en cuenta que estos comandos sobrescribirán cualquier `ikev2.sh` existente.

```
wget https://get.vpnsetup.net/ikev2 -O /opt/src/ikev2.sh
chmod +x /opt/src/ikev2.sh \
  && ln -s /opt/src/ikev2.sh /usr/bin 2>/dev/null
```

3.6 Configurar IKEv2 usando el script auxiliar

Nota: De forma predeterminada, IKEv2 se configura automáticamente al ejecutar el script de configuración de VPN. Puedes omitir esta sección y continuar con la sección 3.2 Configurar clientes de VPN IKEv2.

Importante: Antes de continuar, debes haber configurado correctamente tu propio servidor VPN. Los usuarios de Docker deben consultar la sección 11.9 Configurar y usar VPN IKEv2.

Utiliza este script auxiliar para configurar automáticamente IKEv2 en el servidor VPN:

```
# Configurar IKEv2 utilizando las opciones predeterminadas
sudo ikev2.sh --auto
# Alternativamente, puedes personalizar las opciones de IKEv2
sudo ikev2.sh
```

Nota: Si IKEv2 ya está configurado, pero deseas personalizar las opciones de IKEv2, primero elimina IKEv2 y luego configúralo nuevamente usando `sudo ikev2.sh`.

Cuando hayas terminado, continúa con la sección 3.2 Configurar clientes de VPN IKEv2. Los usuarios avanzados pueden habilitar opcionalmente el modo solo IKEv2. Consulta la sección 8.3 para obtener más información.

▼ Opcionalmente, puedes especificar un nombre DNS, un nombre de cliente y/o servidores DNS personalizados.

Al ejecutar la configuración de IKEv2 en modo automático, los usuarios avanzados pueden especificar opcionalmente un nombre DNS para la dirección del servidor IKEv2. El nombre DNS debe ser un nombre de dominio completo (FQDN). Ejemplo:

```
sudo VPN_DNS_NAME='vpn.example.com' ikev2.sh --auto
```

De forma similar, puedes especificar un nombre para el primer cliente IKEv2. El valor predeterminado es vpnclient si no se especifica.

```
sudo VPN_CLIENT_NAME='your_client_name' ikev2.sh --auto
```

De forma predeterminada, los clientes IKEv2 están configurados para usar Google Public DNS cuando la VPN está activa. Puedes especificar servidores DNS personalizados para IKEv2. Ejemplo:

```
sudo VPN_DNS_SRV1=1.1.1.1 VPN_DNS_SRV2=1.0.0.1 ikev2.sh --auto
```

De forma predeterminada, no se requiere contraseña al importar la configuración del cliente IKEv2. Puedes optar por proteger los archivos de configuración del cliente con una contraseña aleatoria.

```
sudo VPN_PROTECT_CONFIG=yes ikev2.sh --auto
```

Para ver la información de uso del script IKEv2, ejecuta sudo ikev2.sh -h en tu servidor.

3.7 Configurar IKEv2 manualmente

Como alternativa a utilizar el script auxiliar, los usuarios avanzados pueden configurar IKEv2 manualmente en el servidor VPN. Antes de continuar, se recomienda actualizar Libreswan a la última versión (consulta la sección 2.7).

Consulta los pasos de ejemplo para configurar IKEv2 manualmente:
https://github.com/hwdsl2/setup-ipsec-vpn/blob/master/docs/ikev2-howto.md#manually-set-up-ikev2

3.8 Eliminar IKEv2

Si deseas eliminar IKEv2 del servidor VPN, pero conservar los modos IPsec/L2TP e IPsec/XAuth ("Cisco IPsec") (si están instalados), ejecuta el script auxiliar. **Advertencia:** Toda la configuración de IKEv2, incluidos los certificados y las claves, se **eliminará de forma permanente**. ¡Esto **no se puede deshacer**!

```
sudo ikev2.sh --removeikev2
```

Después de eliminar IKEv2, si deseas configurarlo nuevamente, consulta la sección 3.6 Configurar IKEv2 usando el script auxiliar.

▼ Alternativamente, puedes eliminar IKEv2 manualmente.

Para eliminar manualmente IKEv2 del servidor VPN, pero mantener los modos IPsec/L2TP e IPsec/XAuth ("Cisco IPsec"), sigue estos pasos. Los comandos deben ejecutarse como root.

Advertencia: Toda la configuración de IKEv2, incluidos los certificados y las claves, se **eliminará de forma permanente**. ¡Esto **no se puede deshacer**!

1. Cambia el nombre del archivo de configuración de IKEv2 (o elimínalo):

   ```
   mv /etc/ipsec.d/ikev2.conf /etc/ipsec.d/ikev2.conf.bak
   ```

2. **(Importante)** Reinicia el servicio IPsec:

   ```
   service ipsec restart
   ```

3. Lista los certificados en la base de datos IPsec:

   ```
   certutil -L -d sql:/etc/ipsec.d
   ```

   Salida de ejemplo:

   ```
   Certificate Nickname    Trust Attributes
                           SSL,S/MIME,JAR/XPI

   IKEv2 VPN CA            CTu,u,u
   ```

43

```
($PUBLIC_IP)              u,u,u
vpnclient                 u,u,u
```

4. Elimina la lista de revocación de certificados (CRL), si la hubiera:

```
crlutil -D -d sql:/etc/ipsec.d -n "IKEv2 VPN CA" 2>/dev/null
```

5. Elimina los certificados y las claves. Reemplaza "Nickname" a continuación por el apodo de cada certificado. Repite estos comandos para cada certificado. Cuando hayas terminado, vuelve a listar los certificados en la base de datos de IPsec y confirma que la lista esté vacía.

```
certutil -F -d sql:/etc/ipsec.d -n "Nickname"
certutil -D -d sql:/etc/ipsec.d -n "Nickname" 2>/dev/null
```

4 Guía: Personalizar reglas de VPN On Demand de IKEv2 para macOS e iOS

4.1 Introducción

VPN On Demand es una función opcional en macOS e iOS. Permite que el dispositivo inicie o detenga automáticamente una conexión IKEv2 según diversos criterios. Consulta la sección 3.2 Configurar clientes de VPN IKEv2.

De forma predeterminada, las reglas de VPN On Demand creadas por el script IKEv2 inician automáticamente una conexión de VPN cuando el dispositivo está conectado a Wi-Fi (con detección de portal cautivo) y detienen la conexión cuando está conectado a la red celular. Puedes personalizar estas reglas para excluir determinadas redes Wi-Fi, como tu red doméstica, o para iniciar la conexión VPN tanto en Wi-Fi como en la red celular.

4.2 Personalizar reglas de VPN On Demand

Para personalizar las reglas de VPN On Demand para todos los nuevos clientes IKEv2, edita **/opt/src/ikev2.sh** en tu servidor VPN y reemplaza las reglas predeterminadas con uno de los ejemplos que aparecen a continuación. Después de eso, puedes agregar nuevos clientes o volver a exportar configuraciones para clientes existentes ejecutando "sudo ikev2.sh".

Para personalizar esas reglas para un cliente IKEv2 específico, edita el archivo **.mobileconfig** generado para ese cliente. Después de eso, elimina el perfil existente (si lo hay) del dispositivo cliente de VPN e importa el perfil actualizado.

Como referencia, estas son las reglas predeterminadas en el script IKEv2:

```
<key>OnDemandRules</key>
<array>
  <dict>
    <key>InterfaceTypeMatch</key>
```

```
          <string>WiFi</string>
          <key>URLStringProbe</key>
          <string>http://captive.apple.com/hotspot-detect.html</string>
          <key>Action</key>
          <string>Connect</string>
      </dict>
      <dict>
          <key>InterfaceTypeMatch</key>
          <string>Cellular</string>
          <key>Action</key>
          <string>Disconnect</string>
      </dict>
      <dict>
          <key>Action</key>
          <string>Ignore</string>
      </dict>
</array>
```

Ejemplo 1: Excluir determinadas redes Wi-Fi de VPN On Demand:

```
<key>OnDemandRules</key>
<array>
    <dict>
        <key>InterfaceTypeMatch</key>
        <string>WiFi</string>
        <key>SSIDMatch</key>
        <array>
            <string>YOUR_WIFI_NETWORK_NAME</string>
        </array>
        <key>Action</key>
        <string>Disconnect</string>
    </dict>
    <dict>
        <key>InterfaceTypeMatch</key>
        <string>WiFi</string>
        <key>URLStringProbe</key>
        <string>http://captive.apple.com/hotspot-detect.html</string>
        <key>Action</key>
```

```
    <string>Connect</string>
  </dict>
  <dict>
    <key>InterfaceTypeMatch</key>
    <string>Cellular</string>
    <key>Action</key>
    <string>Disconnect</string>
  </dict>
  <dict>
    <key>Action</key>
    <string>Ignore</string>
  </dict>
</array>
```

En comparación con las reglas predeterminadas, en este ejemplo se ha añadido la siguiente parte:

```
... ...
  <dict>
    <key>InterfaceTypeMatch</key>
    <string>WiFi</string>
    <key>SSIDMatch</key>
    <array>
      <string>YOUR_WIFI_NETWORK_NAME</string>
    </array>
    <key>Action</key>
    <string>Disconnect</string>
  </dict>
... ...
```

Nota: Si tienes más de una red Wi-Fi que excluir, agrega más líneas a la sección "SSIDMatch" que aparece más arriba. Por ejemplo:

```
<array>
  <string>YOUR_WIFI_NETWORK_NAME_1</string>
  <string>YOUR_WIFI_NETWORK_NAME_2</string>
</array>
```

Ejemplo 2: Iniciar la conexión VPN también en la red celular, además del Wi-Fi:

```
<key>OnDemandRules</key>
<array>
  <dict>
    <key>InterfaceTypeMatch</key>
    <string>WiFi</string>
    <key>URLStringProbe</key>
    <string>http://captive.apple.com/hotspot-detect.html</string>
    <key>Action</key>
    <string>Connect</string>
  </dict>
  <dict>
    <key>InterfaceTypeMatch</key>
    <string>Cellular</string>
    <key>Action</key>
    <string>Connect</string>
  </dict>
  <dict>
    <key>Action</key>
    <string>Ignore</string>
  </dict>
</array>
```

En comparación con las reglas predeterminadas, esta parte ha cambiado en este ejemplo:

```
... ...
  <dict>
    <key>InterfaceTypeMatch</key>
    <string>Cellular</string>
    <key>Action</key>
    <string>Connect</string>
  </dict>
... ...
```

Obtén más información sobre las reglas de VPN On Demand en:
https://developer.apple.com/documentation/devicemanagement/vpn

5 Configurar clientes de VPN IPsec/L2TP

Después de configurar tu propio servidor VPN, sigue estos pasos para configurar tus dispositivos. IPsec/L2TP es compatible de forma nativa con Android, iOS, macOS y Windows. No es necesario instalar ningún software adicional. La configuración solo debería llevar unos minutos. En caso de que no puedas conectarte, primero revisa que las credenciales de la VPN se hayan ingresado correctamente.

___

- Plataformas
  - Windows
  - macOS
  - Android
  - iOS (iPhone/iPad)
  - Chrome OS (Chromebook)
  - Linux

5.1 Windows

También puedes conectarte usando el modo IKEv2 (recomendado).

5.1.1 Windows 11+

1. Haz clic derecho en el ícono de red/conexión inalámbrica en la bandeja del sistema.
2. Selecciona **Configuración de red e Internet** y, luego, en la página que se abre, haz clic en **VPN**.
3. Haz clic en el botón **Agregar VPN**.
4. Selecciona **Windows (integrado)** en el menú desplegable **Proveedor de VPN**.
5. Ingresa lo que desees en el campo **Nombre de conexión**.
6. Ingresa `IP de tu servidor de VPN` en el campo **Nombre de servidor o dirección**.
7. Selecciona **L2TP/IPsec con clave previamente compartida** en el menú desplegable **Tipo de VPN**.

8. Ingresa `Su VPN IPsec PSK` en el campo **Clave previamente compartida**.

9. Ingresa `Su nombre de usuario de VPN` en el campo **Nombre de usuario**.

10. Ingresa `Tu contraseña de VPN` en el campo **Contraseña**.

11. Marca la casilla de verificación **Recordar información de inicio de sesión**.

12. Haz clic en **Guardar** para guardar los detalles de la conexión VPN.

Nota: Este cambio de registro único (consulta la sección 7.3.1) es necesario si el servidor VPN y/o el cliente están detrás de NAT (p. ej., un enrutador doméstico).

Para conectarte a la VPN: haz clic en el botón **Conectar** o haz clic en el ícono de red/conexión inalámbrica en la bandeja del sistema, haz clic en **VPN**, luego selecciona la nueva entrada de VPN y haz clic en **Conectar**. Si se te solicita, ingresa `Su nombre de usuario de VPN` y `Contraseña`, luego haz clic en **Aceptar**.

Una vez conectado, puedes verificar que tu tráfico se esté enrutando correctamente buscando tu dirección IP en Google. Deberías ver "Su dirección IP pública es `IP de tu servidor de VPN`".

Si recibes un error al intentar conectarte, consulta la sección 7.3 Solución de problemas de IKEv1.

5.1.2 Windows 10 y 8

1. Haz clic derecho en el ícono de red/conexión inalámbrica en la bandeja del sistema.

2. Selecciona **Abrir configuración de red e Internet** y, luego, en la página que se abre, haz clic en **Centro de redes y recursos compartidos**.

3. Haz clic en **Configurar una nueva conexión o red**.

4. Selecciona **Conectarse a un área de trabajo** y haz clic en **Siguiente**.

5. Haz clic en **Usar mi conexión a Internet (VPN)**.

6. Ingresa `IP de tu servidor de VPN` en el campo **Dirección de Internet**.

7. Ingresa lo que quieras en el campo **Nombre de destino** y, luego, haz clic en **Crear**.

8. Vuelve al **Centro de redes y recursos compartidos**. A la izquierda, haz clic en **Cambiar configuración del adaptador**.

9. Haz clic derecho en la nueva entrada de VPN y elige **Propiedades**.

10. Haz clic en la pestaña **Seguridad**. Selecciona "Protocolo de túnel de nivel 2 con IPsec (L2TP/IPSec)" en el **Tipo de VPN**.

11. Haz clic en **Permitir estos protocolos**. Marca las casillas de verificación "Protocolo de autenticación por desafío mutuo (CHAP)" y "Microsoft CHAP versión 2 (MS-CHAP v2)".

12. Haz clic en el botón **Configuración avanzada**.

13. Selecciona **Usar clave previamente compartida para autenticar** e ingresa `Su VPN IPsec PSK` en el campo **Clave**.

14. Haz clic en **Aceptar** para cerrar la **Configuración avanzada**.

15. Haz clic en **Aceptar** para guardar los detalles de la conexión VPN.

Nota: Este cambio de registro único (consulta la sección 7.3.1) es necesario si el servidor VPN y/o el cliente están detrás de NAT (p. ej., un enrutador doméstico).

Para conectarte a la VPN: haz clic en el ícono de red/conexión inalámbrica en la bandeja del sistema, selecciona la nueva entrada VPN y haz clic en **Conectar**. Si se te solicita, ingresa `Su nombre de usuario de VPN` y `Contraseña`, luego haz clic en **Aceptar**.

Una vez conectado, puedes verificar que tu tráfico se esté enrutando correctamente buscando tu dirección IP en Google. Deberías ver "Su dirección IP pública es `IP de tu servidor de VPN`".

Si recibes un error al intentar conectarte, consulta la sección 7.3 Solución de problemas de IKEv1.

Alternativamente, en lugar de seguir los pasos anteriores, puedes crear la conexión VPN utilizando estos comandos de Windows PowerShell. Reemplaza `IP de tu servidor de VPN` y `Su VPN IPsec PSK` con tus propios valores, entre comillas simples:

```
# Deshabilitar el historial de comandos persistente
Set-PSReadlineOption –HistorySaveStyle SaveNothing
```

```
# Crear conexión VPN
Add-VpnConnection -Name 'My IPsec VPN' `
   -ServerAddress `IP de tu servidor de VPN` `
   -L2tpPsk `Su VPN IPsec PSK` -TunnelType L2tp `
   -EncryptionLevel Required `
   -AuthenticationMethod Chap,MSChapv2 -Force `
   -RememberCredential -PassThru
# Ignorar la advertencia de cifrado de datos
# (los datos se cifran en el túnel IPsec)
```

5.1.3 Windows 7, Vista y XP

1. Haz clic en el menú Inicio y ve al Panel de control.
2. Dirígete a la sección **Redes e Internet**.
3. Haz clic en **Centro de redes y recursos compartidos**.
4. Haz clic en **Configurar una nueva conexión o red**.
5. Selecciona **Conectarse a un área de trabajo** y haz clic en **Siguiente**.
6. Haz clic en **Usar mi conexión a Internet (VPN)**.
7. Ingresa IP de tu servidor de VPN en el campo **Dirección de Internet**.
8. Ingresa lo que desees en el campo **Nombre de destino**.
9. Marca la casilla de verificación **No conectarse ahora; configurar para conectarse más tarde**.
10. Haz clic en **Siguiente**.
11. Ingresa Su nombre de usuario VPN en el campo **Nombre de usuario**.
12. Ingresa Tu contraseña de VPN en el campo **Contraseña**.
13. Marca la casilla de verificación **Recordar esta contraseña**.
14. Haz clic en **Crear** y, a continuación, en **Cerrar**.
15. Vuelve al **Centro de redes y recursos compartidos**. A la izquierda, haz clic en **Cambiar configuración del adaptador**.
16. Haz clic con el botón derecho en la nueva entrada de VPN y selecciona **Propiedades**.
17. Haz clic en la pestaña **Opciones** y desmarca **Incluir dominio de inicio de sesión de Windows**.
18. Haz clic en la pestaña **Seguridad**. Selecciona "Protocolo de túnel de nivel 2 con IPsec (L2TP/IPSec)" para el **Tipo de VPN**.

19. Haz clic en **Permitir estos protocolos**. Marca las casillas de verificación "Protocolo de autenticación por desafío mutuo (CHAP)" y "Microsoft CHAP versión 2 (MS-CHAP v2)".
20. Haz clic en el botón **Configuración avanzada**.
21. Selecciona **Usar clave previamente compartida para autenticar** e ingresa Su VPN IPsec PSK para la **Clave**.
22. Haz clic en **Aceptar** para cerrar la **Configuración avanzada**.
23. Haz clic en **Aceptar** para guardar los detalles de la conexión VPN.

Nota: Este cambio de registro único (consulta la sección 7.3.1) es necesario si el servidor VPN o el cliente se encuentran detrás de NAT (p. ej., un enrutador doméstico).

Para conectarte a la VPN: haz clic en el ícono de red/conexión inalámbrica en la bandeja del sistema, selecciona la nueva entrada VPN y haz clic en **Conectar**. Si se te solicita, ingresa Su nombre de usuario VPN y Contraseña, luego haz clic en **Aceptar**.

Una vez conectado, puedes verificar que tu tráfico se esté enrutando correctamente buscando tu dirección IP en Google. Deberías ver "Su dirección IP pública es IP de tu servidor de VPN".

Si recibes un error al intentar conectarte, consulta la sección 7.3 Solución de problemas de IKEv1.

5.2 macOS

5.2.1 macOS 13 (Ventura) y versiones posteriores

> También puedes conectarte usando el modo IKEv2 (recomendado) o IPsec/XAuth.

1. Abre **Configuración del Sistema** y ve a la sección **Red**.
2. Haz clic en **VPN** en el lado derecho de la ventana.
3. Haz clic en el menú desplegable **Agregar configuración de VPN** y selecciona **L2TP sobre IPSec**.
4. En la ventana que se abre, ingresa lo que desees para el **Nombre mostrado**.
5. Deja **Configuración** como **Predeterminado**.

6. Ingresa `IP de tu servidor de VPN` para la **Dirección del servidor**.

7. Ingresa `Su nombre de usuario de VPN` para el **Nombre de la cuenta**.

8. Selecciona **Contraseña** en el menú desplegable **Autenticación del usuario**.

9. Ingresa `Tu contraseña de VPN` para la **Contraseña**.

10. Selecciona **Secreto compartido** en el menú desplegable **Autenticación del equipo**.

11. Ingresa `Su VPN IPsec PSK` para el **Secreto compartido**.

12. Deja el campo **Nombre del grupo** en blanco.

13. **(Importante)** Haz clic en la pestaña **Opciones** y asegúrate de que el interruptor **Enviar todo el tráfico a través de la conexión VPN** esté ACTIVADO.

14. **(Importante)** Haz clic en la pestaña **TCP/IP** y selecciona **Sólo enlace local** en el menú desplegable **Configurar IPv6**.

15. Haz clic en **Crear** para guardar la configuración de VPN.

16. Para mostrar el estado de VPN en la barra de menú y acceder mediante acceso directo, ve a la sección **Centro de control** de **Configuración del Sistema**. Desplázate hasta la parte inferior y selecciona `Mostrar en la barra de menús` en el menú desplegable **VPN**.

Para conectarte a la VPN: usa el ícono de la barra de menú o ve a la sección **VPN** de **Configuración del Sistema** y activa el interruptor para tu configuración de VPN.

Una vez conectado, puedes verificar que tu tráfico se esté enrutando correctamente buscando tu dirección IP en Google. Deberías ver "Su dirección IP pública es `IP de tu servidor de VPN`".

Si recibes un error al intentar conectarte, consulta la sección 7.3 Solución de problemas de IKEv1.

5.2.2 macOS 12 (Monterey) y anteriores

> También puedes conectarte usando el modo IKEv2 (recomendado) o IPsec/XAuth.

1. Abre Preferencias del Sistema y ve a la sección Red.

2. Haz clic en el botón + en la esquina inferior izquierda de la ventana.

3. Selecciona **VPN** en el menú desplegable **Interfaz**.

4. Selecciona **L2TP sobre IPSec** en el menú desplegable **Tipo de VPN**.

5. Ingresa lo que desees para el **Nombre del servicio**.

6. Haz clic en **Crear**.

7. Ingresa `IP de tu servidor de VPN` para la **Dirección del servidor**.

8. Ingresa `Su nombre de usuario VPN` para el **Nombre de la cuenta**.

9. Haz clic en el botón **Configuración de autenticación**.

10. En la sección **Autenticación del usuario**, selecciona el botón de opción **Contraseña** e ingresa `Tu contraseña de VPN`.

11. En la sección **Autenticación del equipo**, selecciona el botón de opción **Secreto compartido** e ingresa `Su VPN IPsec PSK`.

12. Haz clic en **Aceptar**.

13. Marca la casilla de verificación **Mostrar estado de VPN en la barra de menús**.

14. **(Importante)** Haz clic en el botón **Avanzado** y asegúrate de que la casilla de verificación **Enviar todo el tráfico a través de la conexión VPN** esté marcada.

15. **(Importante)** Haz clic en la pestaña **TCP/IP** y asegúrate de que **Sólo enlace local** esté seleccionado en la sección **Configurar IPv6**.

16. Haz clic en **Aceptar** para cerrar la configuración avanzada y luego haz clic en **Aplicar** para guardar la información de conexión VPN.

Para conectarte a la VPN: usa el ícono de la barra de menú o ve a la sección Red de Preferencias del Sistema, selecciona la VPN y elige **Conectar**.

Una vez conectado, puedes verificar que tu tráfico se esté enrutando correctamente buscando tu dirección IP en Google. Deberías ver "Su dirección IP pública es `IP de tu servidor de VPN`".

Si recibes un error al intentar conectarte, consulta la sección 7.3 Solución de problemas de IKEv1.

5.3 Android

Importante: Los usuarios de Android deberían conectarse mediante el modo IKEv2 (recomendado), que es más seguro. Consulta la sección 3.2 para obtener más información. Android 12+ solo admite el modo IKEv2. El cliente VPN nativo de Android utiliza el menos seguro `modp1024` (grupo DH 2) para los modos IPsec/L2TP e IPsec/XAuth ("Cisco IPsec").

Si aún quieres conectarte mediante el modo IPsec/L2TP, primero debes editar `/etc/ipsec.conf` en el servidor VPN. Busca la línea `ike=...` y agrega `,aes256-sha2;modp1024,aes128-sha1;modp1024` al final. Guarda el archivo y ejecuta `service ipsec restart`.

Usuarios de Docker: agrega `VPN_ENABLE_MODP1024=yes` a tu archivo env y luego vuelve a crear el contenedor de Docker.

Después de eso, sigue los pasos que se indican a continuación en tu dispositivo Android:

1. Inicia la aplicación **Ajustes**.
2. Pulsa "Redes e Internet". O, si usas Android 7 o anterior, pulsa **Más...** en la sección **Conexiones inalámbricas y redes**.
3. Pulsa **VPN**.
4. Pulsa **Agregar perfil VPN** o el ícono + en la parte superior derecha de la pantalla.
5. Ingresa lo que desees en el campo **Nombre**.
6. Selecciona **L2TP/IPSec PSK** en el menú desplegable **Tipo**.
7. Ingresa `IP de tu servidor de VPN` en el campo **Dirección del servidor**.
8. Deja el campo **L2TP secreto** en blanco.
9. Deja el campo **Identificador de IPSec** en blanco.
10. Ingresa `Su VPN IPsec PSK` en el campo **Clave precompartida de IPSec**.
11. Pulsa **Guardar**.
12. Pulsa la nueva conexión VPN.
13. Ingresa `Su nombre de usuario de VPN` en el campo **Nombre de usuario**.
14. Ingresa `Tu contraseña de VPN` en el campo **Contraseña**.
15. Marca la casilla **Guardar información de la cuenta**.
16. Pulsa **Conectar**.

Una vez conectado, verás un icono de VPN en la barra de notificaciones. Puedes verificar que tu tráfico se esté enrutando correctamente buscando tu dirección IP en Google. Deberías ver "Su dirección IP pública es `IP de tu servidor de VPN`".

Si recibes un error al intentar conectarte, consulta la sección 7.3 Solución de problemas de IKEv1.

5.4 iOS

También puedes conectarte usando el modo IKEv2 (recomendado) o IPsec/XAuth.

1. Dirígete a Configuración → General → VPN.
2. Pulsa **Agregar configuración de VPN...**.
3. Pulsa **Tipo**. Selecciona **L2TP** y vuelve atrás.
4. Pulsa **Descripción** e ingresa lo que desees.
5. Pulsa **Servidor** e ingresa IP de tu servidor de VPN.
6. Pulsa **Cuenta** e ingresa Su nombre de usuario VPN.
7. Pulsa **Contraseña** e ingresa Tu contraseña de VPN.
8. Pulsa **Secreto** e ingresa Su VPN IPsec PSK.
9. Asegúrate de que el interruptor **Enviar todo el tráfico** esté encendido.
10. Pulsa **Listo**.
11. Desliza el interruptor **VPN** a la posición ON.

Una vez conectado, verás un ícono de VPN en la barra de estado. Puedes verificar que tu tráfico se esté enrutando correctamente buscando tu dirección IP en Google. Deberías ver "Su dirección IP pública es IP de tu servidor de VPN".

Si recibes un error al intentar conectarte, consulta la sección 7.3 Solución de problemas de IKEv1.

5.5 Chrome OS

También puedes conectarte usando el modo IKEv2 (recomendado).

1. Dirígete a Configuración → Red.
2. Haz clic en **Añadir conexión** y, luego, en **Añadir VPN integrada**.
3. Ingresa lo que desees para el **Nombre de servicio**.
4. Selecciona **L2TP/IPsec** en el menú desplegable **Tipo de proveedor**.
5. Ingresa IP de tu servidor de VPN para el **Nombre de host del servidor**.

57

6. Selecciona **Clave precompartida** en el menú desplegable **Tipo de autenticación**.
7. Ingresa `Su nombre de usuario VPN` para el **Nombre de usuario**.
8. Ingresa `Tu contraseña de VPN` para la **Contraseña**.
9. Ingresa `Su VPN IPsec PSK` para la **Clave precompartida**.
10. Deja los demás campos en blanco.
11. Habilita **Guardar la identidad y la contraseña**.
12. Haz clic en **Conectar**.

Una vez conectado, verás un ícono de VPN superpuesto al ícono de estado de la red. Puedes verificar que tu tráfico se esté enrutando correctamente buscando tu dirección IP en Google. Deberías ver "Su dirección IP pública es `IP de tu servidor de VPN`".

Si recibes un error al intentar conectarte, consulta la sección 7.3 Solución de problemas de IKEv1.

5.6 Linux

También puedes conectarte usando el modo IKEv2 (recomendado).

5.6.1 Ubuntu Linux

Los usuarios de Ubuntu 18.04 (y versiones posteriores) pueden instalar el paquete network-manager-l2tp-gnome usando `apt` y luego configurar el cliente VPN IPsec/L2TP usando la GUI.

1. Dirígete a Configuración → Red → VPN. Haz clic en el botón +.
2. Selecciona **Layer 2 Tunneling Protocol (L2TP)**.
3. Ingresa lo que desees en el campo **Nombre**.
4. Ingresa `IP de tu servidor de VPN` para la **Puerta de enlace**.
5. Ingresa `Su nombre de usuario VPN` para el **Nombre de usuario**.
6. Haz clic con el botón derecho en **?** en el campo **Contraseña** y selecciona **Almacenar la contraseña solo para este usuario**.
7. Ingresa `Tu contraseña de VPN` para la **Contraseña**.
8. Deja el campo **Dominio NT** en blanco.
9. Haz clic en el botón **Configuración IPsec...**.
10. Marca la casilla de verificación **Habilitar túnel IPsec al host L2TP**.

11. Deja el campo **Gateway ID** en blanco.

12. Ingresa `Su VPN IPsec PSK` para la **Clave previamente compartida**.

13. Expande la sección **Avanzado**.

14. Ingresa `aes128-sha1-modp2048` para los **Algoritmos de fase 1**.

15. Ingresa `aes128-sha1` para los **Algoritmos de fase 2**.

16. Haz clic en **Aceptar** y, a continuación, en **Agregar** para guardar la información de conexión VPN.

17. Enciende el interruptor **VPN**.

Una vez conectado, puedes verificar que tu tráfico se esté enrutando correctamente buscando tu dirección IP en Google. Deberías ver "Su dirección IP pública es `IP de tu servidor de VPN`".

5.6.2 Fedora y CentOS

Los usuarios de Fedora 28 (y versiones posteriores) y CentOS 8/7 pueden conectarse mediante el modo IPsec/XAuth.

5.6.3 Otros sistemas Linux

Primero, consulta aquí (https://github.com/nm-l2tp/NetworkManager-l2tp/wiki/Prebuilt-Packages) para ver si los paquetes `network-manager-l2tp` y `network-manager-l2tp-gnome` están disponibles para su distribución Linux. Si es así, instálalos (selecciona strongSwan) y sigue las instrucciones anteriores. Alternativamente, puedes configurar los clientes VPN de Linux mediante la línea de comandos.

5.6.4 Configurar mediante la línea de comandos

Los usuarios avanzados pueden seguir estos pasos para configurar los clientes VPN de Linux mediante la línea de comandos. Alternativamente, puedes conectarte mediante el modo IKEv2 (recomendado) o configurar mediante la GUI. Los comandos deben ejecutarse como `root` en tu cliente VPN.

Para configurar el cliente VPN, primero instala los siguientes paquetes:

```
# Ubuntu y Debian
apt-get update
apt-get install strongswan xl2tpd net-tools

# Fedora
yum install strongswan xl2tpd net-tools

# CentOS
yum install epel-release
yum --enablerepo=epel install strongswan xl2tpd net-tools
```

Crear variables de VPN (reemplázalas con valores reales):

```
VPN_SERVER_IP='your_vpn_server_ip'
VPN_IPSEC_PSK='your_ipsec_pre_shared_key'
VPN_USER='your_vpn_username'
VPN_PASSWORD='your_vpn_password'
```

Configurar strongSwan:

```
cat > /etc/ipsec.conf <<EOF
# ipsec.conf - strongSwan IPsec configuration file

conn myvpn
  auto=add
  keyexchange=ikev1
  authby=secret
  type=transport
  left=%defaultroute
  leftprotoport=17/1701
  rightprotoport=17/1701
  right=$VPN_SERVER_IP
  ike=aes128-sha1-modp2048
  esp=aes128-sha1
EOF

cat > /etc/ipsec.secrets <<EOF
: PSK "$VPN_IPSEC_PSK"
EOF
```

```
chmod 600 /etc/ipsec.secrets

# For CentOS and Fedora ONLY
mv /etc/strongswan/ipsec.conf \
  /etc/strongswan/ipsec.conf.old 2>/dev/null
mv /etc/strongswan/ipsec.secrets \
  /etc/strongswan/ipsec.secrets.old 2>/dev/null
ln -s /etc/ipsec.conf /etc/strongswan/ipsec.conf
ln -s /etc/ipsec.secrets /etc/strongswan/ipsec.secrets
```

Configurar xl2tpd:

```
cat > /etc/xl2tpd/xl2tpd.conf <<EOF
[lac myvpn]
lns = $VPN_SERVER_IP
ppp debug = yes
pppoptfile = /etc/ppp/options.l2tpd.client
length bit = yes
EOF


cat > /etc/ppp/options.l2tpd.client <<EOF
ipcp-accept-local
ipcp-accept-remote
refuse-eap
require-chap
noccp
noauth
mtu 1280
mru 1280
noipdefault
defaultroute
usepeerdns
connect-delay 5000
name "$VPN_USER"
password "$VPN_PASSWORD"
EOF
```

```
chmod 600 /etc/ppp/options.l2tpd.client
```

La configuración del cliente VPN ya está completa. Sigue los pasos que se indican a continuación para conectarte.

Nota: Debes repetir todos los pasos que se indican a continuación cada vez que intentes conectarte a la VPN.

Crea el archivo de control de xl2tpd:

```
mkdir -p /var/run/xl2tpd
touch /var/run/xl2tpd/l2tp-control
```

Reiniciar servicios:

```
service strongswan restart

# Para Ubuntu, si no se encuentra el servicio strongswan
ipsec restart

service xl2tpd restart
```

Iniciar la conexión IPsec:

```
# Ubuntu y Debian
ipsec up myvpn

# CentOS y Fedora
strongswan up myvpn
```

Inicie la conexión L2TP:

```
echo "c myvpn" > /var/run/xl2tpd/l2tp-control
```

Ejecuta ifconfig y verifica el resultado. Ahora deberías ver una nueva interfaz ppp0.

Verifica tu ruta predeterminada existente:

```
ip route
```

Busca esta línea en el resultado: `default via X.X.X.X ....` Anota esta dirección IP de la puerta de enlace para usarla en los dos comandos siguientes.

Excluye la IP pública de tu servidor VPN de la nueva ruta predeterminada (reemplázala con el valor real):

```
route add YOUR_VPN_SERVER_PUBLIC_IP gw X.X.X.X
```

Si tu cliente VPN es un servidor remoto, también debes excluir la IP pública de tu PC local de la nueva ruta predeterminada para evitar que se desconecte tu sesión SSH (reemplázala con el valor real):

```
route add YOUR_LOCAL_PC_PUBLIC_IP gw X.X.X.X
```

Agrega una nueva ruta predeterminada para comenzar a enrutar el tráfico a través del servidor VPN:

```
route add default dev ppp0
```

La conexión VPN ahora está completa. Verifica que tu tráfico se esté enrutando correctamente:

```
wget -qO- http://ipv4.icanhazip.com; echo
```

El comando anterior debería devolver `IP de tu servidor de VPN`.

Para detener el enrutamiento del tráfico a través del servidor VPN:

```
route del default dev ppp0
```

Para desconectar:

```
# Ubuntu y Debian
echo "d myvpn" > /var/run/xl2tpd/l2tp-control
ipsec down myvpn
```

```
# CentOS y Fedora
echo "d myvpn" > /var/run/xl2tpd/l2tp-control
strongswan down myvpn
```

6 Configurar clientes de VPN IPsec/XAuth

Después de configurar tu propio servidor de VPN, sigue estos pasos para configurar tus dispositivos. IPsec/XAuth ("Cisco IPsec") es compatible de forma nativa con Android, iOS y macOS. No es necesario instalar ningún software adicional. Los usuarios de Windows pueden utilizar el cliente de VPN gratuito Shrew Soft. En caso de que no puedas conectarte, primero revisa que las credenciales de la VPN se hayan ingresado correctamente.

El modo IPsec/XAuth también se denomina "Cisco IPsec". Este modo es generalmente **más rápido que** IPsec/L2TP y tiene menos sobrecarga.

- Plataformas
    - Windows
    - macOS
    - Android
    - iOS (iPhone/iPad)
    - Linux

6.1 Windows

> También puedes conectarte usando el modo IKEv2 (recomendado) o IPsec/L2TP. No se requiere ningún software adicional.

1. Descarga e instala el cliente VPN gratuito Shrew Soft (https://www.shrew.net/download/vpn). Cuando se te solicite durante la instalación, selecciona **Standard Edition**.
   Nota: Este cliente VPN NO es compatible con Windows 10/11.
2. Haz clic en Menú Inicio → Todos los programas → ShrewSoft VPN Client → VPN Access Manager.
3. Haz clic en el botón **Add (+)** en la barra de herramientas.
4. Ingresa IP de tu servidor de VPN en el campo **Host Name or IP Address**.

5. Haz clic en la pestaña **Authentication**. Selecciona **Mutual PSK + XAuth** en el menú desplegable **Authentication Method**.

6. En la subpestaña **Local Identity**, selecciona **IP Address** en el menú desplegable **Identification Type**.

7. Haz clic en la subpestaña **Credentials**. Ingresa `Su VPN IPsec PSK` en el campo **Pre Shared Key**.

8. Haz clic en la pestaña **Phase 1**. Selecciona **main** en el menú desplegable **Exchange Type**.

9. Haz clic en la pestaña **Phase 2**. Selecciona **sha1** en el menú desplegable **HMAC Algorithm**.

10. Haz clic en **Save** para guardar los detalles de la conexión VPN.

11. Selecciona la nueva conexión VPN. Haz clic en el botón **Connect** en la barra de herramientas.

12. Ingresa `Su nombre de usuario VPN` en el campo **Username**.

13. Ingresa `Tu contraseña de VPN` en el campo **Password**.

14. Haz clic en **Connect**.

Una vez conectado, verás **tunnel enabled** en la ventana de estado de Conexión VPN. Haz clic en la pestaña "Network" y confirma que **Established - 1** se muestra en "Security Associations".

Puedes verificar que tu tráfico se esté enrutando correctamente buscando tu dirección IP en Google. Deberías ver "Su dirección IP pública es `IP de tu servidor de VPN`".

Si recibes un error al intentar conectarte, consulta la sección 7.3 Solución de problemas de IKEv1.

6.2 macOS

6.2.1 macOS 13 (Ventura) y versiones posteriores

También puedes conectarte usando el modo IKEv2 (recomendado) o IPsec/L2TP.

1. Abre **Configuración del sistema** y ve a la sección **Red**.

2. Haz clic en **VPN** en el lado derecho de la ventana.

3. Haz clic en el menú desplegable **Agregar configuración de VPN** y selecciona **Cisco IPSec**.

4. En la ventana que se abre, ingresa lo que desees para el **Nombre mostrado**.

5. Ingresa `IP de tu servidor de VPN` para la **Dirección del servidor**.

6. Ingresa `Su nombre de usuario de VPN` para el **Nombre de cuenta**.

7. Ingresa `Tu contraseña de VPN` para la **Contraseña**.

8. Selecciona **Secreto compartido** en el menú desplegable **Tipo**.

9. Ingresa `Su VPN IPsec PSK` para el **Secreto compartido**.

10. Deja el campo **Nombre del grupo** en blanco.

11. Haz clic en **Crear** para guardar la configuración de VPN.

12. Para mostrar el estado de VPN en la barra de menú y acceder mediante acceso directo, ve a la sección **Centro de control** de **Configuración del sistema**. Desplázate hasta la parte inferior y selecciona `Mostrar en la barra de menús` en el menú desplegable **VPN**.

Para conectarte a la VPN: usa el ícono de la barra de menú o ve a la sección **VPN** de **Configuración del sistema** y activa el interruptor para la configuración de VPN.

Una vez conectado, puedes verificar que tu tráfico se esté enrutando correctamente buscando tu dirección IP en Google. Deberías ver "Su dirección IP pública es `IP de tu servidor de VPN`".

Si recibes un error al intentar conectarte, consulta la sección 7.3 Solución de problemas de IKEv1.

6.2.2 macOS 12 (Monterey) y anteriores

También puedes conectarte usando el modo IKEv2 (recomendado) o IPsec/L2TP.

1. Abre Preferencias del Sistema y ve a la sección Red.

2. Haz clic en el botón + en la esquina inferior izquierda de la ventana.

3. Selecciona **VPN** en el menú desplegable **Interfaz**.

4. Selecciona **Cisco IPSec** en el menú desplegable **Tipo de VPN**.

5. Ingresa lo que desees para el **Nombre del servicio**.

6. Haz clic en **Crear**.

7. Ingresa `IP de tu servidor de VPN` para la **Dirección del servidor**.

8. Ingresa `Su nombre de usuario VPN` para el **Nombre de cuenta**.

9. Ingresa `Tu contraseña de VPN` para la **Contraseña**.

10. Haz clic en el botón **Configuración de autenticación**.

11. En la sección **Autenticación del equipo**, selecciona el botón de opción **Secreto compartido** e ingresa `Su VPN IPsec PSK`.

12. Deja el campo **Nombre del grupo** en blanco.

13. Haz clic en **Aceptar**.

14. Marca la casilla de verificación **Mostrar estado de VPN en la barra de menús**.

15. Haz clic en **Aplicar** para guardar la información de conexión de VPN.

Para conectarte a la VPN: usa el ícono de la barra de menú o ve a la sección Red de Preferencias del Sistema, selecciona la VPN y elige **Conectar**.

Una vez conectado, puedes verificar que tu tráfico se esté enrutando correctamente buscando tu dirección IP en Google. Deberías ver "Su dirección IP pública es `IP de tu servidor de VPN`".

Si recibes un error al intentar conectarte, consulta la sección 7.3 Solución de problemas de IKEv1.

6.3 Android

Importante: Los usuarios de Android deberían conectarse mediante el modo IKEv2 (recomendado), que es más seguro. Consulta la sección 3.2 para obtener más información. Android 12+ solo admite el modo IKEv2. El cliente VPN nativo de Android utiliza el menos seguro `modp1024` (grupo DH 2) para los modos IPsec/L2TP e IPsec/XAuth ("Cisco IPsec").

Si aún quieres conectarte mediante el modo IPsec/XAuth, primero debes editar `/etc/ipsec.conf` en el servidor VPN. Busca la línea `ike=...` y agrega `,aes256-sha2;modp1024,aes128-sha1;modp1024` al final. Guarda el archivo y ejecuta `service ipsec restart`.

Usuarios de Docker: agrega `VPN_ENABLE_MODP1024=yes` a tu archivo env y luego vuelve a crear el contenedor de Docker.

Después de eso, sigue los pasos que se indican a continuación en tu dispositivo Android:

1. Inicia la aplicación **Ajustes**.
2. Pulsa "Redes e Internet". O, si usas Android 7 o anterior, pulsa **Más...** en la sección **Conexiones inalámbricas y redes**.
3. Pulsa **VPN**.
4. Pulsa **Agregar perfil VPN** o el ícono + en la parte superior derecha de la pantalla.
5. Ingresa lo que desees en el campo **Nombre**.
6. Selecciona **IPSec Xauth PSK** en el menú desplegable **Tipo**.
7. Ingresa `IP de tu servidor de VPN` en el campo **Dirección del servidor**.
8. Deja el campo **Identificador de IPSec** en blanco.
9. Ingresa `Su VPN IPsec PSK` en el campo **Clave precompartida de IPSec**.
10. Pulsa **Guardar**.
11. Pulsa la nueva conexión VPN.
12. Ingresa `Su nombre de usuario VPN` en el campo **Nombre de usuario**.
13. Ingresa `Tu contraseña de VPN` en el campo **Contraseña**.
14. Marca la casilla **Guardar información de la cuenta**.
15. Pulsa **Conectar**.

Una vez conectado, verás un icono de VPN en la barra de notificaciones. Puedes verificar que tu tráfico se esté enrutando correctamente buscando tu dirección IP en Google. Deberías ver "Su dirección IP pública es `IP de tu servidor de VPN`".

Si recibes un error al intentar conectarte, consulta la sección 7.3 Solución de problemas de IKEv1.

6.4 iOS

También puedes conectarte usando el modo IKEv2 (recomendado) o IPsec/L2TP.

1. Dirígete a Configuración → General → VPN.
2. Pulsa **Agregar configuración de VPN...**.
3. Pulsa **Tipo**. Selecciona **IPSec** y vuelve atrás.
4. Pulsa **Descripción** e ingresa lo que desees.
5. Pulsa **Servidor** e ingresa `IP de tu servidor de VPN`.

6. Pulsa **Cuenta** e ingresa `Su nombre de usuario VPN`.

7. Pulsa **Contraseña** e ingresa `Tu contraseña de VPN`.

8. Deja el campo **Nombre del grupo** en blanco.

9. Pulsa **Secreto** e ingresa `Su VPN IPsec PSK`.

10. Pulsa **Listo**.

11. Desliza el interruptor **VPN** a la posición ON.

Una vez conectado, verás un ícono de VPN en la barra de estado. Puedes verificar que tu tráfico se esté enrutando correctamente buscando tu dirección IP en Google. Deberías ver "Su dirección IP pública es `IP de tu servidor de VPN`".

Si recibes un error al intentar conectarte, consulta la sección 7.3 Solución de problemas de IKEv1.

6.5 Linux

También puedes conectarte usando el modo IKEv2 (recomendado).

6.5.1 Fedora y CentOS

Los usuarios de Fedora 28 (y versiones posteriores) y CentOS 8/7 pueden instalar el paquete `NetworkManager-libreswan-gnome` usando `yum` y luego configurar el cliente VPN IPsec/XAuth usando la GUI.

1. Dirígete a Configuración → Red → VPN. Haz clic en el botón +.

2. Selecciona **VPN basada en IPsec**.

3. Ingresa lo que desees en el campo **Nombre**.

4. Ingresa `IP de tu servidor de VPN` para la **Puerta de enlace**.

5. Selecciona **IKEv1 (XAUTH)** en el menú desplegable **Tipo**.

6. Ingresa `Su nombre de usuario VPN` para el **Nombre de usuario**.

7. Haz clic con el botón derecho en **?** en el campo **Contraseña de usuario** y selecciona **Almacenar la contraseña solo para este usuario**.

8. Ingresa `Tu contraseña de VPN` en el campo **Contraseña de usuario**.

9. Deja el campo **Nombre de grupo** en blanco.

10. Haz clic con el botón derecho en **?** en el campo **Secreto** y selecciona **Almacenar la contraseña solo para este usuario**.

11. Ingresa `Su VPN IPsec PSK` en el campo **Secreto**.
12. Deja el campo **ID remota** en blanco.
13. Haz clic en **Agregar** para guardar la información de conexión VPN.
14. Enciende el interruptor **VPN**.

Una vez conectado, puedes verificar que tu tráfico se esté enrutando correctamente buscando tu dirección IP en Google. Deberías ver "Su dirección IP pública es `IP de tu servidor de VPN`".

6.5.2 Otros sistemas Linux

Otros usuarios de Linux pueden conectarse mediante el modo IPsec/L2TP.

7 VPN IPsec: Solución de problemas

7.1 Verificar registros y estado de VPN

Los comandos a continuación deben ejecutarse como `root` (o usando `sudo`).

Primero, reinicia los servicios en el servidor VPN:

```
service ipsec restart
service xl2tpd restart
```

Usuarios de Docker: Ejecuta `docker restart ipsec-vpn-server`.

Luego, reinicia tu dispositivo cliente VPN y vuelve a intentar la conexión. Si aún no puedes conectarte, intenta eliminar y volver a crear la conexión VPN. Asegúrate de que la dirección del servidor VPN y las credenciales de la VPN se hayan ingresado correctamente.

Para servidores con un firewall externo (p. ej., EC2/GCE), abre los puertos UDP 500 y 4500 para la VPN.

Verifica los registros de Libreswan (IPsec) y xl2tpd para ver si hay errores:

```
# Ubuntu y Debian
grep pluto /var/log/auth.log
grep xl2tpd /var/log/syslog


# CentOS/RHEL, Rocky Linux, AlmaLinux,
# Oracle Linux y Amazon Linux 2
grep pluto /var/log/secure
grep xl2tpd /var/log/messages


# Alpine Linux
grep pluto /var/log/messages
grep xl2tpd /var/log/messages
```

Verifica el estado del servidor de VPN IPsec:

```
ipsec status
```

Muestra las conexiones VPN establecidas actualmente:

```
ipsec trafficstatus
```

7.2 Solución de problemas de IKEv2

Consulta también: 7.1 Verificar registros y estado de VPN, 7.3 Solución de problemas de IKEv1 y capítulo 8, VPN IPsec: Uso avanzado.

7.2.1 No se puede conectar al servidor VPN

Primero, asegúrate de que la dirección del servidor VPN especificada en tu dispositivo cliente VPN **coincida exactamente** con la dirección del servidor en la salida del script auxiliar de IKEv2. Por ejemplo, no puedes usar un nombre DNS para conectarte si no se especificó al configurar IKEv2. Para cambiar la dirección del servidor IKEv2, lee la sección 3.4 Cambiar la dirección del servidor IKEv2.

Para servidores con un firewall externo (p. ej., EC2/GCE), abre los puertos UDP 500 y 4500 para la VPN.

Verifica los registros y el estado de la VPN para ver si hay errores (consulta la sección 7.1). Si encuentras errores relacionados con la retransmisión y no puedes conectarte, es posible que haya problemas de red entre el cliente VPN y el servidor.

7.2.2 No se pueden conectar varios clientes IKEv2

Para conectar varios clientes IKEv2 desde detrás del mismo NAT (p. ej., un enrutador doméstico) al mismo tiempo, deberás generar un certificado único para cada cliente. De lo contrario, podrías encontrarte con el problema de que un cliente conectado posteriormente afecte la conexión VPN de un cliente existente, que puede perder el acceso a Internet.

Para generar certificados para clientes IKEv2 adicionales, ejecuta el script auxiliar con la opción --addclient. Para personalizar las opciones del cliente, ejecuta el script sin argumentos.

```
sudo ikev2.sh --addclient [nombre del cliente]
```

7.2.3 Las credenciales de autenticación de IKE son inaceptables

Si encuentras este error, asegúrate de que la dirección del servidor VPN especificada en tu dispositivo cliente VPN **coincida exactamente** con la dirección del servidor en la salida del script auxiliar de IKEv2. Por ejemplo, no puedes usar un nombre DNS para conectarte si no se especificó al configurar IKEv2. Para cambiar la dirección del servidor IKEv2, lee la sección 3.4 Cambiar la dirección del servidor IKEv2.

7.2.4 Error de coincidencia de política

Para solucionar este error, deberás habilitar cifrados más seguros para IKEv2 con un cambio de registro único. Ejecuta lo siguiente desde un símbolo del sistema con privilegios elevados.

- Para Windows 7, 8, 10 y 11+

```
REG ADD HKLM\SYSTEM\CurrentControlSet\Services\RasMan\Parameters ^
  /v NegotiateDH2048_AES256 /t REG_DWORD /d 0x1 /f
```

7.2.5 El parámetro es incorrecto

Si aparece el mensaje "Error 87: El parámetro es incorrecto" al intentar conectarte mediante el modo IKEv2, prueba las soluciones en: https://github.com/trailofbits/algo/issues/1051, más específicamente, el paso 2 "reset device manager adapters".

7.2.6 No se pueden abrir sitios web después de conectarse a IKEv2

Si tu dispositivo cliente VPN no puede abrir sitios web después de conectarse exitosamente a IKEv2, prueba las siguientes soluciones:

1. Algunos proveedores de la nube, como Google Cloud, establecen una MTU más baja de manera predeterminada. Esto podría causar problemas de red con los clientes de VPN IKEv2. Para solucionarlo, intenta configurar la MTU a 1500 en el servidor VPN:

```
# Reemplace ens4 con el nombre de la interfaz
# de red en tu servidor
sudo ifconfig ens4 mtu 1500
```

   Esta configuración **no** persiste después de un reinicio. Para cambiar el tamaño de la MTU de manera permanente, consulta los artículos relevantes en la web.

2. Si tu cliente VPN Android o Linux puede conectarse usando el modo IKEv2, pero no puede abrir sitios web, prueba la solución en la sección 7.3.6 Problemas de MTU/MSS para Android/Linux.

3. Es posible que los clientes VPN de Windows no utilicen los servidores DNS especificados por IKEv2 después de conectarse, si los servidores DNS configurados en el adaptador de Internet del cliente pertenecen al segmento de red local. Esto se puede solucionar ingresando manualmente los servidores DNS, como Google Public DNS (8.8.8.8, 8.8.4.4), en las propiedades de la interfaz de red → TCP/IPv4. Para obtener más información, consulta la sección 7.3.5 Fugas de DNS de Windows e IPv6.

7.2.7 Conexión con Windows 10

Si usas Windows 10 y la VPN se bloquea en "conectando" durante más de unos minutos, prueba estos pasos:

1. Haz clic con el botón derecho en el ícono de red/conexión inalámbrica en la bandeja del sistema.
2. Selecciona **Abrir configuración de red e Internet** y, luego, en la página que se abre, haz clic en **VPN** a la izquierda.
3. Selecciona la nueva entrada de VPN y, luego, haz clic en **Conectar**.

7.2.8 Otros problemas conocidos

Es posible que el cliente VPN integrado en Windows no admita la fragmentación IKEv2 (esta función requiere Windows 10 v1803 o posterior). En algunas redes, esto puede provocar que la conexión falle o que surjan otros problemas. En su lugar, puedes probar el modo IPsec/L2TP o IPsec/XAuth.

7.3 Solución de problemas de IKEv1

Consulta también: 7.1 Verificar registros y estado de VPN, 7.2 Solución de problemas de IKEv2 y el capítulo 8, VPN IPsec: Uso avanzado.

7.3.1 Error 809 de Windows

> Error 809: No se pudo establecer la conexión de red entre el equipo y el servidor VPN porque el servidor remoto no responde. Esto podría ocurrir porque uno de los dispositivos de red (como un firewall, NAT o enrutador) entre el equipo y el servidor remoto no está configurado para permitir conexiones VPN. Póngase en contacto con el administrador o el proveedor de servicios para determinar qué dispositivo está causando el problema.

Nota: El cambio de registro que se indica a continuación solo es necesario si utilizas el modo IPsec/L2TP para conectarte a la VPN. NO es necesario para los modos IKEv2 e IPsec/XAuth.

Para solucionar este error, se requiere un cambio de registro único porque el servidor o cliente VPN está detrás de NAT (p. ej., un enrutador doméstico). Ejecuta lo siguiente desde un símbolo del sistema con privilegios elevados. **Debes reiniciar tu PC cuando hayas terminado.**

- Para Windows Vista, 7, 8, 10 y 11+

```
REG ADD HKLM\SYSTEM\CurrentControlSet\Services\PolicyAgent ^
  /v AssumeUDPEncapsulationContextOnSendRule /t REG_DWORD ^
  /d 0x2 /f
```

- SOLO para Windows XP

```
REG ADD HKLM\SYSTEM\CurrentControlSet\Services\IPSec ^
  /v AssumeUDPEncapsulationContextOnSendRule /t REG_DWORD ^
  /d 0x2 /f
```

Aunque no es común, algunos sistemas Windows deshabilitan el cifrado IPsec, lo que hace que la conexión falle. Para volver a habilitarlo, ejecuta el siguiente comando y reinicia tu PC.

• Para Windows XP, Vista, 7, 8, 10 y 11+

```
REG ADD HKLM\SYSTEM\CurrentControlSet\Services\RasMan\Parameters ^
  /v ProhibitIpSec /t REG_DWORD /d 0x0 /f
```

7.3.2 Error 789 o 691 de Windows

Error 789: Error en el intento de conexión L2TP porque el nivel de seguridad encontró un error de proceso durante las negociaciones iniciales con el equipo remoto.

Error 691: Se denegó la conexión remota porque no se reconoce la combinación de nombre de usuario y contraseña que proporcionó, o bien no se permite el protocolo de autenticación seleccionado en el servidor de acceso remoto.

Para el error 789, consulta:
https://documentation.meraki.com/MX/Client_VPN/Guided_Client_VPN_ Troubleshooting para obtener información sobre la solución de problemas. En el caso del error 691, puedes intentar eliminar y volver a crear la conexión VPN. Asegúrate de que las credenciales de la VPN se hayan ingresado correctamente.

7.3.3 Error 628 o 766 de Windows

Error 628: La conexión no puede completarse porque el intento de conexión fue terminado por el equipo remoto.

Error 766: No se encontró un certificado. Las conexiones que usan el protocolo L2TP a través de IPsec requieren la instalación de un certificado de equipo, también conocido como certificado de equipo.

Para corregir estos errores, sigue estos pasos:

1. Haz clic con el botón derecho en el ícono de red/inalámbrica en la bandeja del sistema.
2. **Windows 11+:** Selecciona **Configuración de red e Internet**, luego, en la página que se abre, haz clic en **Configuración de red avanzada**. Haz clic en **Más opciones del adaptador de red**.
   Windows 10: Selecciona **Abrir configuración de red e Internet**, luego, en la página que se abre, haz clic en **Centro de redes y recursos compartidos**. A la izquierda, haz clic en **Cambiar configuración del adaptador**.
   Windows 8/7: Selecciona **Abrir Centro de redes y recursos compartidos**. A la izquierda, haz clic en **Cambiar configuración del adaptador**.
3. Haz clic con el botón derecho en la nueva conexión VPN y elige **Propiedades**.
4. Haz clic en la pestaña **Seguridad**. Selecciona "Protocolo de túnel de nivel 2 con IPsec (L2TP/IPsec)" para **Tipo de VPN**.
5. Haz clic en **Permitir estos protocolos**. Marca las casillas de verificación "Protocolo de autenticación por desafío mutuo (CHAP)" y "Microsoft CHAP versión 2 (MS-CHAP v2)".
6. Haz clic en el botón **Configuración avanzada**.
7. Selecciona **Usar clave previamente compartida para autenticar** e ingresa `Su VPN IPsec PSK` para la **Clave**.
8. Haz clic en **Aceptar** para cerrar la **Configuración avanzada**.
9. Haz clic en **Aceptar** para guardar los detalles de la conexión VPN.

7.3.4 Actualizaciones de Windows 10/11

Después de actualizar la versión de Windows 10/11 (p. ej., de 21H2 a 22H2), es posible que debas volver a aplicar la corrección de la sección 7.3.1 para el error 809 de Windows y reiniciar.

7.3.5 Fugas de DNS de Windows e IPv6

Windows 8, 10 y 11+ utilizan la "smart multi-homed name resolution" de forma predeterminada, lo que puede provocar "fugas de DNS" al utilizar el cliente VPN IPsec nativo si sus servidores DNS en el adaptador de Internet son del segmento de red local. Para solucionar el problema, puedes desactivar la resolución de nombres multihomed inteligente (https://www.neowin.net/news/guide-prevent-dns-leakage-while-using-a-vpn-on-windows-10-and-windows-8/) o configurar tu adaptador de Internet para que utilice servidores DNS fuera de tu red local (p. ej., 8.8.8.8 y 8.8.4.4). Cuando hayas terminado, borra la caché de DNS (https://support.opendns.com/hc/en-us/articles/227988627-How-to-clear-the-DNS-Cache-) y reinicia tu PC.

Además, si tu equipo tiene habilitado IPv6, todo el tráfico IPv6 (incluidas las consultas DNS) omitirá la VPN. Obtén información sobre cómo deshabilitar IPv6 en Windows (https://support.microsoft.com/en-us/help/929852/guidance-for-configuring-ipv6-in-windows-for-advanced-users). Si necesitas una VPN con soporte para IPv6, puedes probar OpenVPN. Consulta el capítulo 13 para obtener más información.

7.3.6 Problemas de MTU/MSS en Android/Linux

Algunos dispositivos Android y sistemas Linux tienen problemas de MTU/MSS; es decir, pueden conectarse a la VPN mediante el modo IPsec/XAuth ("Cisco IPsec") o IKEv2, pero no pueden abrir sitios web. Si encuentra este problema, intente ejecutar los siguientes comandos en el servidor VPN. Si tiene éxito, puede agregar estos comandos a /etc/rc.local para que persistan después del reinicio.

```
iptables -t mangle -A FORWARD -m policy --pol ipsec --dir in \
  -p tcp -m tcp --tcp-flags SYN,RST SYN -m tcpmss \
  --mss 1361:1536 -j TCPMSS --set-mss 1360
iptables -t mangle -A FORWARD -m policy --pol ipsec --dir out \
  -p tcp -m tcp --tcp-flags SYN,RST SYN -m tcpmss \
  --mss 1361:1536 -j TCPMSS --set-mss 1360

echo 1 > /proc/sys/net/ipv4/ip_no_pmtu_disc
```

Usuarios de Docker: En lugar de ejecutar los comandos anteriores, puede aplicar esta corrección agregando VPN_ANDROID_MTU_FIX=yes en su archivo env, luego vuelva a crear el contenedor Docker.

7.3.7 macOS envía tráfico a través de VPN

Usuarios de macOS: si puede conectarse correctamente mediante el modo IPsec/L2TP, pero su IP pública no muestra IP de tu servidor de VPN, lea la sección macOS en el capítulo 5, Configurar clientes de VPN IPsec/L2TP, y complete estos pasos. Guarde la configuración de VPN y vuelva a conectarse.

Para macOS 13 (Ventura) y versiones posteriores:

1. Haz clic en la pestaña **Opciones** y asegúrese de que el interruptor **Enviar todo el tráfico a través de la conexión VPN** esté ACTIVADO.
2. Haz clic en la pestaña **TCP/IP** y seleccione **Solo enlace local** en el menú desplegable **Configurar IPv6**.

Para macOS 12 (Monterey) y versiones anteriores:

1. Haz clic en el botón **Avanzado** y asegúrese de que la casilla de verificación **Enviar todo el tráfico a través de la conexión VPN** esté marcada.
2. Haz clic en la pestaña **TCP/IP** y asegúrese de que **Solo enlace local** esté seleccionado en la sección **Configurar IPv6**.

Después de intentar los pasos anteriores, si su computadora aún no envía tráfico a través de la VPN, verifique el orden de servicio. Desde la pantalla principal de preferencias de red, seleccione "Establecer orden de servicio" en el menú desplegable de engranaje debajo de la lista de conexiones. Arrastre la conexión VPN hacia la parte superior.

7.3.8 Modo de suspensión de iOS/Android

Para ahorrar batería, los dispositivos iOS (iPhone/iPad) desconectarán automáticamente el Wi-Fi poco después de que la pantalla se apague (modo de suspensión). Como resultado, la VPN IPsec se desconecta. Este comportamiento es intencional y no se puede configurar.

Si necesita que la VPN se reconecte automáticamente cuando el dispositivo se activa, puede conectarse usando el modo IKEv2 (recomendado) y habilitar la función "VPN On Demand". Alternativamente, puede probar OpenVPN,

que admite opciones como "Reconnect on Wakeup" y "Seamless Tunnel".
Consulte el capítulo 13 para obtener más información.

Los dispositivos Android también pueden desconectar el Wi-Fi después de
ingresar al modo de suspensión. Puede intentar habilitar la opción "VPN
siempre activada" para permanecer conectado. Obtén más información en:
https://support.google.com/android/answer/9089766

7.3.9 Kernel de Debian

Usuarios de Debian: ejecute `uname -r` para verificar la versión del kernel de
Linux de su servidor. Si contiene la palabra "cloud" y falta `/dev/ppp`,
entonces el kernel no admite `ppp` y no puede usar el modo IPsec/L2TP. Los
scripts de configuración de VPN intentan detectar esto y muestran una
advertencia. En este caso, puede utilizar el modo IKEv2 o IPsec/XAuth para
conectarse a la VPN.

Para solucionar el problema con el modo IPsec/L2TP, puede cambiar al
kernel estándar de Linux instalando, p. ej., el paquete `linux-image-amd64`.
Luego, actualice el kernel predeterminado en GRUB y reinicie el servidor.

8 VPN IPsec: Uso avanzado

8.1 Usar servidores DNS alternativos

De manera predeterminada, los clientes están configurados para usar Google Public DNS cuando la VPN está activa. Si prefieres otro proveedor de DNS, puedes reemplazar `8.8.8.8` y `8.8.4.4` en estos archivos: `/etc/ppp/options.xl2tpd`, `/etc/ipsec.conf` y `/etc/ipsec.d/ikev2.conf` (si existe). Luego, ejecuta `service ipsec restart` y `service xl2tpd restart`.

Los usuarios avanzados pueden definir `VPN_DNS_SRV1` y, opcionalmente, `VPN_DNS_SRV2` al ejecutar el script de configuración de VPN. Para obtener más información y una lista de algunos proveedores de DNS públicos populares, consulta la sección 2.8 Personalizar las opciones de VPN.

Es posible configurar diferentes servidores DNS para clientes IKEv2 específicos. Para este caso de uso, consulta:
https://github.com/hwdsl2/setup-ipsec-vpn/issues/1562

En determinadas circunstancias, es posible que desees que los clientes de VPN utilicen los servidores DNS especificados solo para resolver los nombres de dominio internos y utilicen sus servidores DNS configurados localmente para resolver todos los demás nombres de dominio. Esto se puede configurar utilizando la opción `modecfgdomains`, p. ej., `modecfgdomains="internal.example.com, home"`. Agrega esta opción a la sección `conn ikev2-cp` en `/etc/ipsec.d/ikev2.conf` para IKEv2 y a la sección `conn xauth-psk` en `/etc/ipsec.conf` para IPsec/XAuth ("Cisco IPsec"). Luego, ejecuta `service ipsec restart`. El modo IPsec/L2TP no admite esta opción.

8.2 Cambios en el nombre DNS y la dirección IP del servidor

Para los modos IPsec/L2TP e IPsec/XAuth ("Cisco IPsec"), puede utilizar un nombre DNS (p. ej., `vpn.example.com`) en lugar de una dirección IP para conectarse al servidor VPN, sin necesidad de realizar ninguna configuración adicional. Además, la VPN debería seguir funcionando en general después de los cambios en la dirección IP del servidor, como, p. ej., después de restaurar una instantánea en un nuevo servidor con una dirección IP diferente, aunque puede ser necesario reiniciar.

Para el modo IKEv2, si desea que la VPN siga funcionando después de los cambios en la dirección IP del servidor, lea la sección 3.4 Cambiar la dirección del servidor IKEv2. Alternativamente, puedes especificar un nombre DNS para la dirección del servidor IKEv2 al configurar IKEv2. El nombre DNS debe ser un nombre de dominio completo (FQDN). Ejemplo:

```
sudo VPN_DNS_NAME='vpn.example.com' ikev2.sh --auto
```

Alternativamente, puedes personalizar las opciones de IKEv2 ejecutando el script auxiliar sin el parámetro `--auto`.

8.3 VPN solo IKEv2

Al utilizar Libreswan 4.2 o una versión más reciente, los usuarios avanzados pueden habilitar el modo solo IKEv2 en el servidor VPN. Con el modo solo IKEv2 habilitado, los clientes VPN solo pueden conectarse al servidor VPN mediante IKEv2. Se descartarán todas las conexiones IKEv1 (incluidos los modos IPsec/L2TP e IPsec/XAuth ("Cisco IPsec")).

Para habilitar el modo solo IKEv2, primero instale el servidor VPN y configure IKEv2. Luego, ejecuta el script auxiliar y sigue las indicaciones.

```
wget https://get.vpnsetup.net/ikev2only -O ikev2only.sh
sudo bash ikev2only.sh
```

Para desactivar el modo IKEv2-only, ejecuta el script auxiliar nuevamente y selecciona la opción adecuada.

8.4 IP y tráfico de VPN internos

Al conectarse mediante el modo IPsec/L2TP, el servidor VPN tiene la IP interna `192.168.42.1` dentro de la subred VPN `192.168.42.0/24`. A los clientes se les asignan IP internas desde `192.168.42.10` hasta `192.168.42.250`. Para verificar qué IP está asignada a un cliente, consulta el estado de la conexión en el cliente VPN.

Al conectarse mediante el modo IPsec/XAuth ("Cisco IPsec") o IKEv2, el servidor VPN no tiene una dirección IP interna dentro de la subred VPN `192.168.43.0/24`. A los clientes se les asignan direcciones IP internas desde `192.168.43.10` hasta `192.168.43.250`.

Puede utilizar estas direcciones IP internas de VPN para comunicarse. Sin embargo, tenga en cuenta que las direcciones IP asignadas a los clientes VPN son dinámicas y que los firewalls en los dispositivos cliente pueden bloquear dicho tráfico.

Los usuarios avanzados pueden asignar opcionalmente direcciones IP estáticas a los clientes VPN. Consulta a continuación para obtener más información.

▼ Modo IPsec/L2TP: Asigna IP estáticas a clientes VPN.

El ejemplo siguiente **SOLO** se aplica al modo IPsec/L2TP. Los comandos se deben ejecutar como `root`.

1. Primero, cree un nuevo usuario VPN para cada cliente VPN al que desee asignar una IP estática. Consulta el capítulo 9, VPN IPsec: Administrar usuarios VPN. Se incluyen scripts de ayuda para su comodidad.

2. Edite `/etc/xl2tpd/xl2tpd.conf` en el servidor VPN. Reemplace `ip range = 192.168.42.10-192.168.42.250` con, p. ej., `ip range = 192.168.42.100-192.168.42.250`. Esto reduce el conjunto de direcciones IP asignadas automáticamente, de modo que haya más direcciones IP disponibles para asignar a los clientes como IP estáticas.

3. Edite `/etc/ppp/chap-secrets` en el servidor VPN. Por ejemplo, si el archivo contiene:

```
"username1"   l2tpd   "password1"   *
"username2"   l2tpd   "password2"   *
"username3"   l2tpd   "password3"   *
```

Supongamos que desea asignar la dirección IP estática 192.168.42.2 al usuario VPN username2 y la dirección IP estática 192.168.42.3 al usuario VPN username3, mientras mantiene username1 sin cambios (asignación automática desde el grupo). Después de editarlo, el archivo debería verse así:

```
"username1"   l2tpd   "password1"   *
"username2"   l2tpd   "password2"   192.168.42.2
"username3"   l2tpd   "password3"   192.168.42.3
```

Nota: Las direcciones IP estáticas asignadas deben ser de la subred 192.168.42.0/24 y no deben pertenecer al grupo de direcciones IP asignadas automáticamente (consulta ip range más arriba). Además, 192.168.42.1 está reservada para el servidor VPN. En el ejemplo anterior, solo puede asignar direcciones IP estáticas del rango 192.168.42.2–192.168.42.99.

4. **(Importante)** Reinicie el servicio xl2tpd:

```
service xl2tpd restart
```

▼ Modo IPsec/XAuth ("Cisco IPsec"): asigna IP estáticas a clientes VPN.

El ejemplo siguiente **SOLO** se aplica al modo IPsec/XAuth ("Cisco IPsec"). Los comandos se deben ejecutar como root.

1. Primero, cree un nuevo usuario VPN para cada cliente VPN al que desee asignar una IP estática. Consulta el capítulo 9, VPN IPsec: Administrar usuarios VPN. Se incluyen scripts de ayuda para su comodidad.

2. Edite /etc/ipsec.conf en el servidor VPN. Reemplace rightaddresspool=192.168.43.10–192.168.43.250 con, p. ej., rightaddresspool=192.168.43.100–192.168.43.250. Esto reduce el grupo de direcciones IP asignadas automáticamente, de modo que haya más direcciones IP disponibles para asignar a los clientes como IP estáticas.

3. Edite `/etc/ipsec.d/ikev2.conf` en el servidor VPN (si existe). Reemplace `rightaddresspool=192.168.43.10-192.168.43.250` con el **mismo valor** que en el paso anterior.

4. Edite `/etc/ipsec.d/passwd` en el servidor VPN. Por ejemplo, si el archivo contiene:

```
username1:password1hashed:xauth-psk
username2:password2hashed:xauth-psk
username3:password3hashed:xauth-psk
```

Supongamos que desea asignar la dirección IP estática `192.168.43.2` al usuario VPN `username2` y la dirección IP estática `192.168.43.3` al usuario VPN `username3`, mientras mantiene `username1` sin cambios (asignación automática desde el pool). Después de editarlo, el archivo debería verse así:

```
username1:password1hashed:xauth-psk
username2:password2hashed:xauth-psk:192.168.43.2
username3:password3hashed:xauth-psk:192.168.43.3
```

Nota: Las IP estáticas asignadas deben ser de la subred `192.168.43.0/24` y no deben pertenecer al grupo de IP asignadas automáticamente (consulta `rightaddresspool` más arriba). En el ejemplo anterior, solo puede asignar IP estáticas del rango `192.168.43.1-192.168.43.99`.

5. **(Importante)** Reinicie el servicio IPsec:

```
service ipsec restart
```

▼ Modo IKEv2: Asigna IP estáticas a clientes VPN.

El ejemplo siguiente **SOLO** se aplica al modo IKEv2. Los comandos se deben ejecutar como `root`.

1. Primero, cree un nuevo certificado de cliente IKEv2 para cada cliente al que desee asignar una IP estática y anote el nombre de cada cliente IKEv2. Consulta la sección 3.3.1 Agregar un nuevo cliente IKEv2.

2. Edite `/etc/ipsec.d/ikev2.conf` en el servidor VPN. Reemplace `rightaddresspool=192.168.43.10-192.168.43.250` con, p. ej., `rightaddresspool=192.168.43.100-192.168.43.250`. Esto reduce el grupo de direcciones IP asignadas automáticamente, de modo que haya más direcciones IP disponibles para asignar a los clientes como IP estáticas.

3. Edite `/etc/ipsec.conf` en el servidor VPN. Reemplace `rightaddresspool=192.168.43.10-192.168.43.250` con el **mismo valor** que en el paso anterior.

4. Edite `/etc/ipsec.d/ikev2.conf` en el servidor VPN nuevamente. Por ejemplo, si el archivo contiene:

```
conn ikev2-cp
  left=%defaultroute
  ... ...
```

Supongamos que desea asignar la IP estática `192.168.43.4` al cliente IKEv2 `client1` y la IP estática `192.168.43.5` al cliente `client2`, mientras mantiene los otros clientes sin cambios (asignación automática desde el pool). Después de editarlo, el archivo debería verse así:

```
conn ikev2-cp
  left=%defaultroute
  ... ...

conn ikev2-shared
  # COPIE todo de la sección ikev2-cp, EXCEPTO:
  # rightid, rightaddresspool, auto=add

conn client1
  rightid=@client1
  rightaddresspool=192.168.43.4-192.168.43.4
  auto=add
  also=ikev2-shared

conn client2
  rightid=@client2
```

```
rightaddresspool=192.168.43.5-192.168.43.5
auto=add
also=ikev2-shared
```

Nota: Agregue una nueva sección `conn` para cada cliente al que quiera asignar una IP estática. Debe agregar un prefijo @ al nombre del cliente para `rightid=`. El nombre del cliente debe coincidir exactamente con el nombre que especificó al agregar el nuevo cliente IKEv2. Las IP estáticas asignadas deben ser de la subred `192.168.43.0/24` y no deben pertenecer al grupo de IP asignadas automáticamente (consulta `rightaddresspool` más arriba). En el ejemplo anterior, solo puede asignar IP estáticas del rango `192.168.43.1-192.168.43.99`.

Nota: Para los clientes de Windows 7/8/10/11 y RouterOS, debe usar una sintaxis diferente para `rightid=`. Por ejemplo, si el nombre del cliente es `client1`, configure `rightid="CN=client1, O=IKEv2 VPN"` en el ejemplo anterior.

5. **(Importante)** Reinicie el servicio IPsec:

```
service ipsec restart
```

El tráfico de cliente a cliente está permitido de forma predeterminada. Si desea **no permitir** el tráfico de cliente a cliente, ejecute los siguientes comandos en el servidor VPN. Añádalos a `/etc/rc.local` para que persistan después del reinicio.

```
iptables -I FORWARD 2 -i ppp+ -o ppp+ -s 192.168.42.0/24 \
  -d 192.168.42.0/24 -j DROP
iptables -I FORWARD 3 -s 192.168.43.0/24 -d 192.168.43.0/24 \
  -j DROP
iptables -I FORWARD 4 -i ppp+ -d 192.168.43.0/24 -j DROP
iptables -I FORWARD 5 -s 192.168.43.0/24 -o ppp+ -j DROP
```

8.5 Personalizar subredes de VPN

De forma predeterminada, los clientes VPN IPsec/L2TP utilizarán una subred VPN interna `192.168.42.0/24`, mientras que los clientes VPN IPsec/XAuth ("Cisco IPsec") e IKEv2 usarán la subred VPN interna

`192.168.43.0/24`. Para obtener más información, lea la sección anterior.

Importante: Solo puede especificar subredes personalizadas **durante la instalación inicial de la VPN**. Si la VPN IPsec ya está instalada, **debe** primero desinstalar la VPN (consulta el capítulo 10), luego especificar subredes personalizadas y volver a instalarla. De lo contrario, la VPN puede dejar de funcionar.

```
# Ejemplo: Especificar subred VPN personalizada
#          para el modo IPsec/L2TP
# Nota: Se deben especificar las tres variables.
sudo VPN_L2TP_NET=10.1.0.0/16 \
VPN_L2TP_LOCAL=10.1.0.1 \
VPN_L2TP_POOL=10.1.0.10-10.1.254.254 \
sh vpn.sh

# Ejemplo: Especificar una subred VPN personalizada
#          para los modos IPsec/XAuth e IKEv2
# Nota: Se deben especificar ambas variables.
sudo VPN_XAUTH_NET=10.2.0.0/16 \
VPN_XAUTH_POOL=10.2.0.10-10.2.254.254 \
sh vpn.sh
```

En los ejemplos anteriores, `VPN_L2TP_LOCAL` es la IP interna del servidor VPN para el modo IPsec/L2TP. `VPN_L2TP_POOL` y `VPN_XAUTH_POOL` son los grupos de direcciones IP asignadas automáticamente para los clientes VPN.

8.6 Reenvío de puertos a clientes VPN

En determinadas circunstancias, es posible que desee reenviar los puertos del servidor VPN a un cliente VPN conectado. Esto se puede hacer agregando reglas de IPTables en el servidor VPN.

Advertencia: El reenvío de puertos expondrá los puertos del cliente VPN a todo Internet, lo que podría ser un **riesgo de seguridad**. Esto no se recomienda, a menos que su caso de uso lo requiera.

Nota: Las IP de VPN internas asignadas a los clientes VPN son dinámicas y los firewalls en los dispositivos cliente pueden bloquear el tráfico reenviado. Para asignar IP estáticas a los clientes VPN, consulta la sección 8.4 IP y tráfico de VPN internos. Para verificar qué IP está asignada a un cliente, vea el estado de conexión en el cliente VPN.

Ejemplo 1: Reenviar el puerto TCP 443 del servidor VPN al cliente IPsec/L2TP en 192.168.42.10.

```
# Obtener el nombre de la interfaz de red predeterminada
netif=$(ip -4 route list 0/0 | grep -m 1 -Po '(?<=dev )(\S+)')
iptables -I FORWARD 2 -i "$netif" -o ppp+ -p tcp --dport 443 \
  -j ACCEPT
iptables -t nat -A PREROUTING -i "$netif" -p tcp --dport 443 \
  -j DNAT --to 192.168.42.10
```

Ejemplo 2: Reenviar el puerto UDP 123 en el servidor VPN al cliente IKEv2 (o IPsec/XAuth) en 192.168.43.10.

```
# Obtener el nombre de la interfaz de red predeterminada
netif=$(ip -4 route list 0/0 | grep -m 1 -Po '(?<=dev )(\S+)')
iptables -I FORWARD 2 -i "$netif" -d 192.168.43.0/24 \
  -p udp --dport 123 -j ACCEPT
iptables -t nat -A PREROUTING -i "$netif" ! -s 192.168.43.0/24 \
  -p udp --dport 123 -j DNAT --to 192.168.43.10
```

Si desea que las reglas persistan después del reinicio, puede agregar estos comandos a /etc/rc.local. Para eliminar las reglas de IPTables agregadas, ejecute los comandos nuevamente, pero reemplace -I FORWARD 2 con -D FORWARD y reemplace -A PREROUTING con -D PREROUTING.

8.7 Túnel dividido

Con el túnel dividido, los clientes VPN solo enviarán tráfico para una subred de destino específica a través del túnel VPN. El resto del tráfico NO pasará por el túnel VPN. Esto le permite obtener acceso seguro a una red a través de su VPN, sin enrutar todo el tráfico de su cliente a través de la VPN. El túnel dividido tiene algunas limitaciones y no es compatible con todos los clientes VPN.

Los usuarios avanzados pueden habilitar opcionalmente el túnel dividido para los modos IPsec/XAuth ("Cisco IPsec") y/o IKEv2. El modo IPsec/L2TP no admite esta función (excepto en Windows, consulte a continuación).

▼ Modo IPsec/XAuth ("Cisco IPsec"): habilita la tunelización dividida.

El ejemplo siguiente **SOLO** se aplica al modo IPsec/XAuth ("Cisco IPsec"). Los comandos se deben ejecutar como `root`.

1. Edite `/etc/ipsec.conf` en el servidor VPN. En la sección `conn xauth-psk`, reemplace `leftsubnet=0.0.0.0/0` con la subred a la que desea que los clientes VPN envíen tráfico a través del túnel VPN. Por ejemplo: Para una sola subred:

   ```
   leftsubnet=10.123.123.0/24
   ```

   Para múltiples subredes (utilice `leftsubnets` en su lugar):

   ```
   leftsubnets="10.123.123.0/24,10.100.0.0/16"
   ```

2. **(Importante)** Reinicie el servicio IPsec:

   ```
   service ipsec restart
   ```

▼ Modo IKEv2: habilitar la tunelización dividida.

El ejemplo siguiente **SOLO** se aplica al modo IKEv2. Los comandos se deben ejecutar como `root`.

1. Edite `/etc/ipsec.d/ikev2.conf` en el servidor VPN. En la sección `conn ikev2-cp`, reemplace `leftsubnet=0.0.0.0/0` con la subred a la que desea que los clientes VPN envíen tráfico a través del túnel VPN. Por ejemplo: Para una sola subred:

   ```
   leftsubnet=10.123.123.0/24
   ```

   Para múltiples subredes (utilice `leftsubnets` en su lugar):

   ```
   leftsubnets="10.123.123.0/24,10.100.0.0/16"
   ```

2. **(Importante)** Reinicie el servicio IPsec:

   ```
   service ipsec restart
   ```

Nota: Los usuarios avanzados pueden configurar una configuración de túnel dividido diferente para clientes IKEv2 específicos. Consulte "Modo IKEv2: Asigna IP estáticas a clientes VPN" en la sección 8.4 IP y tráfico de VPN internos. Según el ejemplo proporcionado en esa sección, puede agregar la opción `leftsubnet=...` a la sección `conn` del cliente IKEv2 específico y luego reiniciar el servicio IPsec.

Alternativamente, los usuarios de Windows pueden habilitar la tunelización dividida agregando rutas manualmente:

1. Haz clic derecho en el ícono de red/inalámbrico en la bandeja del sistema.
2. **Windows 11+:** Selecciona **Configuración de red e Internet**; luego, en la página que se abre, haz clic en **Configuración de red avanzada**. Haz clic en **Más opciones del adaptador de red**.
   Windows 10: Selecciona **Abrir configuración de red e Internet**; luego, en la página que se abre, haz clic en **Centro de redes y recursos compartidos**. A la izquierda, haz clic en **Cambiar configuración del adaptador**.
   Windows 8/7: Selecciona **Abrir Centro de redes y recursos compartidos**. A la izquierda, haz clic en **Cambiar configuración del adaptador**.
3. Haz clic derecho en la nueva conexión VPN y elige **Propiedades**.
4. Haz clic en la pestaña **Funciones de red**. Selecciona **Internet Protocol Version 4 (TCP/IPv4)**; luego, haz clic en **Propiedades**.
5. Haz clic en **Opciones avanzadas**. Desmarca **Usar la puerta de enlace predeterminada en la red remota**.
6. Haz clic en **Aceptar** para cerrar la ventana **Propiedades**.
7. **(Importante)** Desconecta la VPN y vuelve a conectarla.
8. Supón que la subred a la que deseas que los clientes VPN envíen tráfico a través del túnel VPN es `10.123.123.0/24`. Abre un símbolo del sistema con privilegios elevados y ejecuta uno de los siguientes comandos:
   Para los modos IKEv2 e IPsec/XAuth ("Cisco IPsec"):

```
route add -p 10.123.123.0 mask 255.255.255.0 192.168.43.1
```

   Para el modo IPsec/L2TP:

```
route add -p 10.123.123.0 mask 255.255.255.0 192.168.42.1
```

9. Cuando hayas terminado, los clientes VPN enviarán tráfico a través del
   túnel VPN solo para la subred especificada. El resto del tráfico omitirá la
   VPN.

8.8 Acceder a la subred del servidor VPN

Después de conectarse a la VPN, los clientes VPN generalmente pueden
acceder a los servicios que se ejecutan en otros dispositivos que se
encuentran dentro de la misma subred local que el servidor VPN, sin
configuración adicional. Por ejemplo, si la subred local del servidor VPN es
192.168.0.0/24 y un servidor Nginx se ejecuta en la IP 192.168.0.2, los
clientes VPN pueden usar la IP 192.168.0.2 para acceder al servidor Nginx.

Ten en cuenta que se requiere una configuración adicional si el servidor VPN
tiene varias interfaces de red (p. ej., eth0 y eth1) y deseas que los clientes
VPN accedan a la subred local detrás de la interfaz de red que NO es para el
acceso a Internet. En este escenario, debes ejecutar los siguientes comandos
para agregar reglas de IPTables. Para que persistan después del reinicio,
puedes agregar estos comandos a /etc/rc.local.

```
# Reemplace eth1 con el nombre de la interfaz de red
# en el servidor VPN al que desea que accedan los clientes VPN
netif=eth1
iptables -I FORWARD 2 -i "$netif" -o ppp+ -m conntrack \
  --ctstate RELATED,ESTABLISHED -j ACCEPT
iptables -I FORWARD 2 -i ppp+ -o "$netif" -j ACCEPT
iptables -I FORWARD 2 -i "$netif" -d 192.168.43.0/24 \
  -m conntrack --ctstate RELATED,ESTABLISHED -j ACCEPT
iptables -I FORWARD 2 -s 192.168.43.0/24 -o "$netif" -j ACCEPT
iptables -t nat -I POSTROUTING -s 192.168.43.0/24 -o "$netif" \
  -m policy --dir out --pol none -j MASQUERADE
iptables -t nat -I POSTROUTING -s 192.168.42.0/24 -o "$netif" \
  -j MASQUERADE
```

8.9 Acceder a los clientes VPN desde la subred del servidor

En determinadas circunstancias, es posible que necesites acceder a los servicios de los clientes VPN desde otros dispositivos que se encuentren en la misma subred local que el servidor VPN. Esto se puede hacer siguiendo estos pasos.

Supón que la IP del servidor VPN es `10.1.0.2` y la IP del dispositivo desde el que deseas acceder a los clientes VPN es `10.1.0.3`.

1. Agrega reglas de IPTables en el servidor VPN para permitir este tráfico. Por ejemplo:

```
# Obtener el nombre de la interfaz de red predeterminada
netif=$(ip -4 route list 0/0 | grep -m 1 -Po '(?<=dev )(\S+)')
iptables -I FORWARD 2 -i "$netif" -o ppp+ -s 10.1.0.3 -j ACCEPT
iptables -I FORWARD 2 -i "$netif" -d 192.168.43.0/24 \
  -s 10.1.0.3 -j ACCEPT
```

2. Agrega reglas de enrutamiento en el dispositivo desde el que deseas acceder a los clientes VPN. Por ejemplo:

```
# Reemplace eth0 con el nombre de la interfaz de red
# de la subred local del dispositivo
route add -net 192.168.42.0 netmask 255.255.255.0 \
  gw 10.1.0.2 dev eth0
route add -net 192.168.43.0 netmask 255.255.255.0 \
  gw 10.1.0.2 dev eth0
```

Obtén más información sobre las direcciones IP internas de VPN en la sección 8.4 IP y tráfico de VPN internos.

8.10 Especifique la dirección IP pública del servidor VPN

En servidores con múltiples direcciones IP públicas, los usuarios avanzados pueden especificar una dirección IP pública para el servidor VPN utilizando la variable `VPN_PUBLIC_IP`. Por ejemplo, si el servidor tiene las direcciones IP

`192.0.2.1` y `192.0.2.2`, y desea que el servidor VPN utilice `192.0.2.2`:

```
sudo VPN_PUBLIC_IP=192.0.2.2 sh vpn.sh
```

Tenga en cuenta que esta variable no tiene efecto para el modo IKEv2 si IKEv2 ya está configurado en el servidor. En este caso, puede eliminar IKEv2 y configurarlo nuevamente utilizando opciones personalizadas. Consulte la sección 3.6 Configurar IKEv2 usando el script auxiliar.

Es posible que se requiera una configuración adicional si desea que los clientes VPN utilicen la IP pública especificada como su "IP de salida" cuando la conexión VPN esté activa y la IP especificada NO sea la IP principal (o ruta predeterminada) en el servidor. En este caso, es posible que deba cambiar las reglas de IPTables en el servidor. Para que persistan después del reinicio, puede agregar estos comandos a `/etc/rc.local`.

Continuando con el ejemplo anterior, si desea que la "IP de salida" sea `192.0.2.2`:

```
# Obtener el nombre de la interfaz de red predeterminada
netif=$(ip -4 route list 0/0 | grep -m 1 -Po '(?<=dev )(\S+)')
# Eliminar las reglas MASQUERADE
iptables -t nat -D POSTROUTING -s 192.168.43.0/24 -o "$netif" \
  -m policy --dir out --pol none -j MASQUERADE
iptables -t nat -D POSTROUTING -s 192.168.42.0/24 -o "$netif" \
  -j MASQUERADE
# Agregar reglas SNAT
iptables -t nat -I POSTROUTING -s 192.168.43.0/24 -o "$netif" \
  -m policy --dir out --pol none -j SNAT --to 192.0.2.2
iptables -t nat -I POSTROUTING -s 192.168.42.0/24 -o "$netif" \
  -j SNAT --to 192.0.2.2
```

Nota: El método anterior solo se aplica si la interfaz de red predeterminada del servidor VPN tiene asignadas varias direcciones IP públicas. Este método puede no funcionar si el servidor tiene varias interfaces de red, cada una con una dirección IP pública diferente.

Para verificar la "IP saliente" de un cliente VPN conectado, puede abrir un navegador en el cliente y buscar la dirección IP en Google.

8.11 Modificar las reglas de IPTables

Para modificar las reglas de IPTables después de la instalación, edite `/etc/iptables.rules` y/o `/etc/iptables/rules.v4` (Ubuntu/Debian), o `/etc/sysconfig/iptables` (CentOS/RHEL). Luego reinicie el servidor.

Nota: Si su servidor ejecuta CentOS Linux (o similar) y firewalld estaba activo durante la configuración de VPN, es posible que nftables esté configurado. En este caso, edite `/etc/sysconfig/nftables.conf` en lugar de `/etc/sysconfig/iptables`.

9 VPN IPsec: Administrar usuarios de VPN

De forma predeterminada, se crea una sola cuenta de usuario para el inicio de sesión de VPN. Si desea ver o administrar usuarios para los modos IPsec/L2TP e IPsec/XAuth ("Cisco IPsec"), lea este capítulo. Para IKEv2, consulte la sección 3.3 Administrar clientes de VPN IKEv2.

9.1 Administrar usuarios de VPN mediante scripts auxiliares

Puede utilizar scripts auxiliares para agregar, eliminar o actualizar usuarios de VPN para los modos IPsec/L2TP e IPsec/XAuth ("Cisco IPsec"). Para IKEv2, consulte la sección 3.3 Administrar clientes de VPN IKEv2.

Nota: Reemplace los argumentos del comando a continuación con sus propios valores. Los usuarios de VPN se almacenan en /etc/ppp/chap-secrets y /etc/ipsec.d/passwd. Los scripts harán una copia de seguridad de estos archivos antes de realizar cambios, con el sufijo .old-date-time.

9.1.1 Agregar o editar un usuario de VPN

Agregue un nuevo usuario de VPN o actualice un usuario de VPN existente con una nueva contraseña.

Ejecute el script auxiliar y siga las indicaciones:

```
sudo addvpnuser.sh
```

Alternativamente, puede ejecutar el script con argumentos:

```
# Todos los valores DEBEN colocarse entre 'comillas simples'
# NO use estos caracteres especiales dentro de los valores: \ " '
sudo addvpnuser.sh 'username_to_add' 'password'
# O
sudo addvpnuser.sh 'username_to_update' 'new_password'
```

9.1.2 Eliminar un usuario de VPN

Elimine el usuario de VPN especificado.

Ejecute el script auxiliar y siga las indicaciones:

```
sudo delvpnuser.sh
```

Alternativamente, puede ejecutar el script con argumentos:

```
# Todos los valores DEBEN colocarse entre 'comillas simples'
# NO use estos caracteres especiales dentro de los valores: \ " '
sudo delvpnuser.sh 'username_to_delete'
```

9.1.3 Actualizar todos los usuarios de VPN

Elimine **todos los usuarios de VPN existentes** y reemplácelos con la lista de usuarios que especifique.

Primero, descargue el script auxiliar:

```
wget https://get.vpnsetup.net/updateusers -O updateusers.sh
```

Importante: Este script eliminará **todos los usuarios de VPN existentes** y los reemplazará con la lista de usuarios que especifique. Por lo tanto, debe incluir todos los usuarios existentes que desee conservar en las variables a continuación.

Para utilizar este script, elija una de las siguientes opciones:

Opción 1: Edite el script e ingrese los detalles del usuario VPN:

```
nano -w updateusers.sh
# [Reemplácelo con sus propios valores: YOUR_USERNAMES
# y YOUR_PASSWORDS]
sudo bash updateusers.sh
```

Opción 2: Defina los detalles del usuario VPN como variables de entorno:

```
# Lista de nombres de usuario y contraseñas VPN,
# separados por espacios
```

97

```
# Todos los valores DEBEN colocarse entre 'comillas simples'
# NO use estos caracteres especiales dentro de los valores: \ " '
sudo \
VPN_USERS='username1 username2 ...' \
VPN_PASSWORDS='password1 password2 ...' \
bash updateusers.sh
```

9.2 Ver usuarios VPN

De forma predeterminada, los scripts de configuración de VPN crearán el mismo usuario VPN para los modos IPsec/L2TP e IPsec/XAuth ("Cisco IPsec").

Para IPsec/L2TP, los usuarios de VPN se especifican en /etc/ppp/chap-secrets. El formato de este archivo es:

```
"username1"  l2tpd  "password1"  *
"username2"  l2tpd  "password2"  *
... ...
```

Para IPsec/XAuth ("Cisco IPsec"), los usuarios de VPN se especifican en /etc/ipsec.d/passwd. Las contraseñas en este archivo están cifradas y codificadas. Consulte la sección 9.4 Administrar manualmente los usuarios de VPN para obtener más información.

9.3 Ver o actualizar la PSK de IPsec

La PSK de IPsec (clave previamente compartida) se almacena en /etc/ipsec.secrets. Todos los usuarios de VPN compartirán la misma PSK de IPsec. El formato de este archivo es:

```
%any  %any  : PSK "your_ipsec_pre_shared_key"
```

Para cambiar a una nueva PSK, simplemente edite este archivo. NO use estos caracteres especiales en los valores: \ " '

Debe reiniciar los servicios cuando haya terminado:

```
service ipsec restart
service xl2tpd restart
```

9.4 Administrar manualmente los usuarios de VPN

Para IPsec/L2TP, los usuarios de VPN se especifican en `/etc/ppp/chap-secrets`. El formato de este archivo es:

```
"username1"  l2tpd  "password1"  *
"username2"  l2tpd  "password2"  *
... ...
```

Puede agregar más usuarios; use una línea para cada usuario. NO use estos caracteres especiales en los valores: \ " '

Para IPsec/XAuth ("Cisco IPsec"), los usuarios de VPN se especifican en `/etc/ipsec.d/passwd`. El formato de este archivo es:

```
username1:password1hashed:xauth-psk
username2:password2hashed:xauth-psk
... ...
```

Las contraseñas en este archivo están salteadas y codificadas. Este paso se puede realizar utilizando, p. ej., la utilidad `openssl`:

```
# La salida será password1hashed
# Coloque su contraseña dentro de 'comillas simples'
openssl passwd -1 'password1'
```

10 VPN IPsec: Desinstalar la VPN

10.1 Desinstalar usando el script auxiliar

Para desinstalar la VPN IPsec, ejecuta el script auxiliar:

Advertencia: Este script auxiliar eliminará la VPN IPsec de su servidor. Se eliminará de forma permanente toda la configuración de la VPN y se eliminarán Libreswan y xl2tpd. ¡Esto **no se puede deshacer**!

```
wget https://get.vpnsetup.net/unst -O unst.sh && sudo bash unst.sh
```

▼ Si no puedes descargarlo, sigue los pasos a continuación.

También puedes usar `curl` para descargarlo:

```
curl -fsSL https://get.vpnsetup.net/unst -o unst.sh
sudo bash unst.sh
```

URL de descarga alternativas:

```
https://github.com/hwdsl2/setup-ipsec-
vpn/raw/master/extras/vpnuninstall.sh
https://gitlab.com/hwdsl2/setup-ipsec-
vpn/-/raw/master/extras/vpnuninstall.sh
```

10.2 Desinstalar manualmente la VPN

Alternativamente, puedes desinstalar manualmente la VPN IPsec siguiendo estos pasos. Los comandos deben ejecutarse como `root` o con `sudo`.

Advertencia: Estos pasos eliminarán la VPN IPsec de su servidor. Se eliminará de forma permanente toda la configuración de la VPN y se eliminarán Libreswan y xl2tpd. ¡Esto **no se puede deshacer**!

10.2.0.1 Primer paso

```
service ipsec stop
service xl2tpd stop
rm -rf /usr/local/sbin/ipsec /usr/local/libexec/ipsec \
     /usr/local/share/doc/libreswan
rm -f /etc/init/ipsec.conf /lib/systemd/system/ipsec.service \
     /etc/init.d/ipsec /usr/lib/systemd/system/ipsec.service \
     /etc/logrotate.d/libreswan \
     /usr/lib/tmpfiles.d/libreswan.conf
```

10.2.0.2 Segundo paso

Ubuntu y Debian

```
apt-get purge xl2tpd
```

CentOS/RHEL, Rocky Linux, AlmaLinux, Oracle Linux y Amazon Linux 2

```
yum remove xl2tpd
```

Alpine Linux

```
apk del xl2tpd
```

10.2.0.3 Tercer paso

Ubuntu, Debian y Alpine Linux

Edite `/etc/iptables.rules` y elimine las reglas innecesarias. Las reglas originales (si las hay) se respaldan como `/etc/iptables.rules.old-date-time`. Además, edite `/etc/iptables/rules.v4` si el archivo existe.

CentOS/RHEL, Rocky Linux, AlmaLinux, Oracle Linux y Amazon Linux 2

Edite `/etc/sysconfig/iptables` y elimine las reglas innecesarias. Las reglas originales (si las hay) se respaldan como `/etc/sysconfig/iptables.old-date-time`.

Nota: Si utiliza Rocky Linux, AlmaLinux, Oracle Linux 8 o CentOS/RHEL 8 y firewalld estaba activo durante la configuración de la VPN, se puede haber configurado nftables. Edite `/etc/sysconfig/nftables.conf` y elimine las reglas innecesarias. Las reglas originales se respaldan como `/etc/sysconfig/nftables.conf.old-date-time`.

10.2.0.4 Cuarto paso

Edite `/etc/sysctl.conf` y elimine las líneas después de `# Added by hwdsl2 VPN script`.
Edite `/etc/rc.local` y elimine las líneas después de `# Added by hwdsl2 VPN script`. NO elimine `exit 0` (si lo hay).

10.2.0.5 Opcional

Nota: Este paso es opcional.

Elimine estos archivos de configuración:

- /etc/ipsec.conf*
- /etc/ipsec.secrets*
- /etc/ppp/chap-secrets*
- /etc/ppp/options.xl2tpd*
- /etc/pam.d/pluto
- /etc/sysconfig/pluto
- /etc/default/pluto
- /etc/ipsec.d (directorio)
- /etc/xl2tpd (directorio)

```
rm -f /etc/ipsec.conf* /etc/ipsec.secrets* \
    /etc/ppp/chap-secrets* \
    /etc/ppp/options.xl2tpd* \
    /etc/pam.d/pluto /etc/sysconfig/pluto \
    /etc/default/pluto
rm -rf /etc/ipsec.d /etc/xl2tpd
```

Eliminar scripts de ayuda:

```
rm -f /usr/bin/ikev2.sh /opt/src/ikev2.sh \
    /usr/bin/addvpnuser.sh /opt/src/addvpnuser.sh \
    /usr/bin/delvpnuser.sh /opt/src/delvpnuser.sh
```

Eliminar fail2ban:

Nota: Esto es opcional. Fail2ban puede ayudar a proteger SSH en su servidor. NO se recomienda eliminarlo.

```
service fail2ban stop
# Ubuntu y Debian
apt-get purge fail2ban
# CentOS/RHEL, Rocky Linux, AlmaLinux,
# Oracle Linux y Amazon Linux 2
yum remove fail2ban
# Alpine Linux
apk del fail2ban
```

10.2.0.6 Cuando haya terminado

Reinicie su servidor.

11 Crea tu propio servidor de VPN IPsec en Docker

Consulta este proyecto en la web: https://github.com/hwdsl2/docker-ipsec-vpn-server

Utiliza esta imagen de Docker para ejecutar un servidor de VPN IPsec, con IPsec/L2TP, Cisco IPsec e IKEv2.

Esta imagen se basa en Alpine o Debian Linux con Libreswan (software de VPN IPsec) y xl2tpd (demonio L2TP).

11.1 Características

- Admite IKEv2 con cifrados rápidos y seguros (p. ej., AES-GCM)
- Genera perfiles de VPN para configurar automáticamente dispositivos iOS, macOS y Android
- Es compatible con Windows, macOS, iOS, Android, Chrome OS y Linux como clientes de VPN
- Incluye un script de ayuda para administrar usuarios y certificados de VPN IKEv2

11.2 Inicio rápido

Usa este comando para configurar un servidor de VPN IPsec en Docker:

```
docker run \
    --name ipsec-vpn-server \
    --restart=always \
    -v ikev2-vpn-data:/etc/ipsec.d \
    -v /lib/modules:/lib/modules:ro \
    -p 500:500/udp \
    -p 4500:4500/udp \
    -d --privileged \
    hwdsl2/ipsec-vpn-server
```

Tus datos de inicio de sesión de VPN se generarán aleatoriamente. Consulta la sección 11.5.3 Recuperar los detalles de inicio de sesión de VPN.

Para obtener más información sobre cómo usar esta imagen, lee las secciones a continuación.

11.3 Instalar Docker

Primero, instala Docker (https://docs.docker.com/engine/install/) en tu servidor Linux. También puedes usar Podman para ejecutar esta imagen, después de crear un alias (https://podman.io/whatis.html) para `docker`.

Los usuarios avanzados pueden usar esta imagen en macOS con Docker para Mac. Antes de usar el modo IPsec/L2TP, es posible que debas reiniciar el contenedor de Docker una vez con `docker restart ipsec-vpn-server`. Esta imagen no es compatible con Docker para Windows.

11.4 Descargar

Obtén la compilación confiable del registro de Docker Hub (https://hub.docker.com/r/hwdsl2/ipsec-vpn-server/):

```
docker pull hwdsl2/ipsec-vpn-server
```

Alternativamente, puedes descargarla desde Quay.io (https://quay.io/repository/hwdsl2/ipsec-vpn-server):

```
docker pull quay.io/hwdsl2/ipsec-vpn-server
docker image tag quay.io/hwdsl2/ipsec-vpn-server \
  hwdsl2/ipsec-vpn-server
```

Plataformas compatibles: `linux/amd64`, `linux/arm64` y `linux/arm/v7`.

Los usuarios avanzados pueden compilar desde el código fuente en GitHub. Consulta la sección 12.11 para obtener más información.

11.4.1 Comparación de imágenes

Hay dos imágenes precompiladas disponibles. Al momento de escribir este artículo, la imagen predeterminada basada en Alpine tiene solo ~18 MB.

	Basada en Alpine	**Basada en Debian**
Nombre de la imagen	hwdsl2/ipsec-vpn-server	hwdsl2/ipsec-vpn-server:debian
Tamaño comprimido	~ 18 MB	~ 63 MB
Imagen base	Alpine Linux	Debian Linux
Plataformas	amd64, arm64, arm/v7	amd64, arm64, arm/v7
IPsec/L2TP	✔	✔
Cisco IPsec	✔	✔
IKEv2	✔	✔

Nota: Para utilizar la imagen basada en Debian, reemplaza cada `hwdsl2/ipsec-vpn-server` con `hwdsl2/ipsec-vpn-server:debian` en este capítulo.

11.5 Cómo usar esta imagen

11.5.1 Variables de entorno

Nota: Todas las variables de esta imagen son opcionales, lo que significa que no tienes que escribir ninguna variable y puedes tener un servidor de VPN IPsec listo para usar. Para ello, crea un archivo env vacío utilizando `touch vpn.env` y pasa a la siguiente sección.

Esta imagen de Docker utiliza las siguientes variables, que se pueden declarar en un archivo env. Consulta la sección 11.11 para ver un archivo env de ejemplo.

```
VPN_IPSEC_PSK=your_ipsec_pre_shared_key
VPN_USER=your_vpn_username
```

```
VPN_PASSWORD=your_vpn_password
```

Esto creará una cuenta de usuario para iniciar sesión en la VPN, que puede ser utilizada por varios dispositivos. La clave previamente compartida (PSK) de IPsec se especifica mediante la variable de entorno `VPN_IPSEC_PSK`. El nombre de usuario de VPN se define en `VPN_USER` y la contraseña de VPN se especifica mediante `VPN_PASSWORD`.

Se admiten usuarios adicionales de VPN y se pueden declarar opcionalmente en el archivo env de esta manera. Los nombres de usuario y las contraseñas deben estar separados por espacios y los nombres de usuario no pueden estar duplicados. Todos los usuarios de VPN compartirán la misma clave previamente compartida de IPsec.

```
VPN_ADDL_USERS=additional_username_1 additional_username_2
VPN_ADDL_PASSWORDS=additional_password_1 additional_password_2
```

Nota: En el archivo env, NO coloque "" o '' alrededor de los valores ni agregue espacios alrededor de =. NO use estos caracteres especiales dentro de los valores: \ " '. Una PSK de IPsec segura debe constar de al menos 20 caracteres aleatorios.

Nota: Si modifica el archivo env después de que el contenedor Docker ya esté creado, debe eliminar y volver a crear el contenedor para que los cambios surtan efecto. Consulta la sección 11.8 Actualizar la imagen de Docker.

▼ Opcionalmente, puedes especificar un nombre DNS, un nombre de cliente y/o servidores DNS personalizados.

Los usuarios avanzados pueden especificar opcionalmente un nombre DNS para la dirección del servidor IKEv2. El nombre DNS debe ser un nombre de dominio completo (FQDN). Ejemplo:

```
VPN_DNS_NAME=vpn.example.com
```

Puedes especificar un nombre para el primer cliente IKEv2. Utiliza una sola palabra, sin caracteres especiales excepto – y _. El valor predeterminado es `vpnclient` si no se especifica.

```
VPN_CLIENT_NAME=your_client_name
```

De forma predeterminada, los clientes están configurados para usar Google Public DNS cuando la VPN está activa. Puedes especificar servidores DNS personalizados para todos los modos de VPN. Ejemplo:

```
VPN_DNS_SRV1=1.1.1.1
VPN_DNS_SRV2=1.0.0.1
```

De forma predeterminada, no se requiere contraseña al importar la configuración del cliente IKEv2. Puedes optar por proteger los archivos de configuración del cliente con una contraseña aleatoria.

```
VPN_PROTECT_CONFIG=yes
```

Nota: Las variables anteriores no tienen efecto en el modo IKEv2 si IKEv2 ya está configurado en el contenedor Docker. En este caso, puede eliminar IKEv2 y configurarlo nuevamente con opciones personalizadas. Consulta la sección 11.9 Configurar y usar VPN IKEv2.

11.5.2 Iniciar el servidor de VPN IPsec

Cree un nuevo contenedor Docker a partir de esta imagen (reemplazar ./vpn.env con tu propio archivo env):

```
docker run \
    --name ipsec-vpn-server \
    --env-file ./vpn.env \
    --restart=always \
    -v ikev2-vpn-data:/etc/ipsec.d \
    -v /lib/modules:/lib/modules:ro \
    -p 500:500/udp \
    -p 4500:4500/udp \
    -d --privileged \
    hwdsl2/ipsec-vpn-server
```

En este comando, usamos la opción -v de docker run para crear un nuevo volumen Docker llamado ikev2-vpn-data y montarlo en /etc/ipsec.d en el contenedor. Los datos relacionados con IKEv2, como los certificados y las claves, se conservarán en el volumen y, más adelante, cuando necesite volver a crear el contenedor Docker, solo deberá especificar el mismo volumen nuevamente.

Se recomienda habilitar IKEv2 al usar esta imagen. Sin embargo, si prefiere no habilitar IKEv2 y usar solo los modos IPsec/L2TP e IPsec/XAuth ("Cisco IPsec") para conectarse a la VPN, elimine la primera opción -v del comando `docker run` anterior.

Nota: Los usuarios avanzados también pueden ejecutar sin modo privilegiado. Consulta la sección 12.2 para obtener más información.

11.5.3 Recuperar los detalles de inicio de sesión de VPN

Si no especificó un archivo env en el comando `docker run` anterior, `VPN_USER` se establecerá de manera predeterminada en `vpnuser` y tanto `VPN_IPSEC_PSK` como `VPN_PASSWORD` se generarán aleatoriamente. Para recuperarlos, vea los registros del contenedor:

```
docker logs ipsec-vpn-server
```

Busque estas líneas en la salida:

```
Connect to your new VPN with these details:

Server IP: your_vpn_server_ip
IPsec PSK: your_ipsec_pre_shared_key
Username: your_vpn_username
Password: your_vpn_password
```

La salida también incluirá detalles para el modo IKEv2, si está habilitado.

(Opcional) Realice una copia de seguridad de los detalles de inicio de sesión de VPN generados (si los hay) en el directorio actual:

```
docker cp ipsec-vpn-server:/etc/ipsec.d/vpn-gen.env ./
```

11.6 Próximos pasos

Haz que tu computadora o dispositivo utilice la VPN. Consulta:

¡Disfruta de tu propia VPN!

11.7 Notas importantes

Usuarios de Windows: Para el modo IPsec/L2TP, se requiere un cambio de registro único (consulta la sección 7.3.1) si el servidor o el cliente VPN está detrás de NAT (p. ej., un enrutador doméstico).

La misma cuenta de VPN puede ser utilizada por varios dispositivos. Sin embargo, debido a una limitación de IPsec/L2TP, si deseas conectar varios dispositivos desde detrás del mismo NAT (p. ej., un enrutador doméstico), debes usar el modo IKEv2 o IPsec/XAuth.

Si desea agregar, editar o eliminar cuentas de usuario de VPN, primero actualice su archivo env, luego debe eliminar y volver a crear el contenedor Docker utilizando las instrucciones de la siguiente sección. Los usuarios avanzados pueden vincular el montaje del archivo env. Consulta la sección 12.13 para obtener más información.

Para servidores con un firewall externo (p. ej., EC2/GCE), abra los puertos UDP 500 y 4500 para la VPN.

Los clientes están configurados para usar Google Public DNS cuando la VPN está activa. Si se prefiere otro proveedor de DNS, consulta el capítulo 12, Docker VPN: Uso avanzado.

11.8 Actualizar la imagen de Docker

Para actualizar la imagen y el contenedor de Docker, primero descargue la última versión:

```
docker pull hwdsl2/ipsec-vpn-server
```

Si la imagen de Docker ya está actualizada, debería ver:

```
Status: Image is up to date for hwdsl2/ipsec-vpn-server:latest
```

110

De lo contrario, se descargará la última versión. Para actualizar el contenedor Docker, primero anote todos los detalles de inicio de sesión de VPN (consulta la sección 11.5.3). Luego elimine el contenedor Docker con `docker rm -f ipsec-vpn-server`. Finalmente, vuelva a crearlo siguiendo las instrucciones de la sección 11.5 Cómo usar esta imagen.

11.9 Configurar y usar VPN IKEv2

El modo IKEv2 tiene mejoras con respecto a IPsec/L2TP e IPsec/XAuth ("Cisco IPsec") y no requiere una clave de acceso de IPsec, nombre de usuario ni contraseña. Lea más en el capítulo 3, Guía: Cómo configurar y usar IKEv2 VPN.

Primero, verifique los registros del contenedor para ver los detalles de IKEv2:

```
docker logs ipsec-vpn-server
```

Nota: Si no puede encontrar los detalles de IKEv2, es posible que IKEv2 no esté habilitado en el contenedor. Intente actualizar la imagen de Docker y el contenedor siguiendo las instrucciones de la sección 11.8 Actualizar la imagen de Docker.

Durante la configuración de IKEv2, se crea un cliente IKEv2 (con el nombre predeterminado `vpnclient`), cuya configuración se exporta a `/etc/ipsec.d` **dentro del contenedor**. Para copiar los archivos de configuración al host de Docker:

```
# Verificar el contenido de /etc/ipsec.d en el contenedor
docker exec -it ipsec-vpn-server ls -l /etc/ipsec.d
# Ejemplo: Copiar un archivo de configuración de cliente
# desde el contenedor al directorio actual en el host de Docker
docker cp ipsec-vpn-server:/etc/ipsec.d/vpnclient.p12 ./
```

Próximos pasos: Configure sus dispositivos para usar la VPN IKEv2. Consulta la sección 3.2 para obtener más información.

▼ Aprenda a administrar clientes IKEv2.

111

Puede administrar clientes IKEv2 mediante el script auxiliar. Vea los ejemplos a continuación. Para personalizar las opciones del cliente, ejecute el script sin argumentos.

```
# Agregar un nuevo cliente (usando las opciones predeterminadas)
docker exec -it ipsec-vpn-server ikev2.sh \
  --addclient [nombre del cliente]
# Exportar la configuración para un cliente existente
docker exec -it ipsec-vpn-server ikev2.sh \
  --exportclient [nombre del cliente]
# Enumerar los clientes existentes
docker exec -it ipsec-vpn-server ikev2.sh --listclients
# Mostrar el uso
docker exec -it ipsec-vpn-server ikev2.sh -h
```

Nota: Si encuentra el error "executable file not found", reemplace `ikev2.sh` anterior por `/opt/src/ikev2.sh`.

▼ Aprenda cómo cambiar la dirección del servidor IKEv2.

En determinadas circunstancias, es posible que sea necesario cambiar la dirección del servidor IKEv2. Por ejemplo, para cambiar a un nombre DNS o después de que cambie la IP del servidor. Para cambiar la dirección del servidor IKEv2, primero abra un shell bash dentro del contenedor (consulta la sección 12.12) y luego siga las instrucciones de la sección 3.4. Tenga en cuenta que los registros del contenedor no mostrarán la nueva dirección del servidor IKEv2 hasta que reinicie el contenedor Docker.

▼ Elimine IKEv2 y configúrelo nuevamente usando opciones personalizadas.

En determinadas circunstancias, es posible que deba eliminar IKEv2 y configurarlo nuevamente mediante opciones personalizadas.

Advertencia: Toda la configuración de IKEv2, incluidos los certificados y las claves, se **eliminará de forma permanente**. ¡Esto **no se puede deshacer**!

Opción 1: Elimine IKEv2 y configúrelo nuevamente mediante el script auxiliar.

Tenga en cuenta que esto anulará las variables que especificó en el archivo env, como `VPN_DNS_NAME` y `VPN_CLIENT_NAME`, y los registros del contenedor ya no mostrarán información actualizada para IKEv2.

```
# Eliminar IKEv2 y borrar toda la configuración de IKEv2
docker exec -it ipsec-vpn-server ikev2.sh --removeikev2
# Configurar IKEv2 nuevamente usando opciones personalizadas
docker exec -it ipsec-vpn-server ikev2.sh
```

Opción 2: Elimine `ikev2-vpn-data` y vuelva a crear el contenedor.

1. Anote todos los detalles de inicio de sesión de su VPN (consulta la sección 11.5.3).
2. Elimine el contenedor Docker: `docker rm -f ipsec-vpn-server`.
3. Elimine el volumen `ikev2-vpn-data`:
   ```
   docker volume rm ikev2-vpn-data
   ```
4. Actualice el archivo env y agregue opciones IKEv2 personalizadas, como `VPN_DNS_NAME` y `VPN_CLIENT_NAME`, y luego vuelva a crear el contenedor. Consulta la sección 11.5 Cómo usar esta imagen.

11.10 Detalles técnicos

Hay dos servicios en ejecución: `Libreswan (pluto)` para la VPN IPsec y `xl2tpd` para la compatibilidad con L2TP.

La configuración predeterminada de IPsec admite:

- IPsec/L2TP con PSK
- IKEv1 con PSK y XAuth ("Cisco IPsec")
- IKEv2

Los puertos que están expuestos para que funcione este contenedor son:

- 4500/udp y 500/udp para IPsec

11.11 Ejemplo de archivo de entorno VPN

```
# Nota: Todas las variables de esta imagen son opcionales.
# Consulta la sección 11.5 para obtener más información.
```

```
# Defina el nombre de usuario y la contraseña
# de VPN y la PSK de IPsec
# - NO coloque "" o '' alrededor de los valores,
#   ni agregue espacios alrededor de =
# - NO use estos caracteres especiales dentro
#   de los valores: \ " '
VPN_IPSEC_PSK=your_ipsec_pre_shared_key
VPN_USER=your_vpn_username
VPN_PASSWORD=your_vpn_password


# Defina usuarios VPN adicionales
# - NO coloque "" o '' alrededor de los valores,
#   ni agregue espacios alrededor de =
# - NO use estos caracteres especiales dentro
#   de los valores: \ " '
# - Los nombres de usuario y las contraseñas deben
#   estar separados por espacios
VPN_ADDL_USERS=additional_username_1 additional_username_2
VPN_ADDL_PASSWORDS=additional_password_1 additional_password_2


# Use un nombre DNS para el servidor VPN
# - El nombre DNS debe ser un nombre de dominio completo (FQDN)
VPN_DNS_NAME=vpn.example.com


# Especifique un nombre para el primer cliente IKEv2
# - Use una sola palabra, sin caracteres especiales
#   excepto '-' y '_'
# - El valor predeterminado es 'vpnclient' si no se especifica
VPN_CLIENT_NAME=your_client_name


# Use servidores DNS alternativos
# - De forma predeterminada, los clientes están configurados
#   para usar Google Public DNS
# - El siguiente ejemplo muestra el servicio DNS de Cloudflare
VPN_DNS_SRV1=1.1.1.1
VPN_DNS_SRV2=1.0.0.1
```

```
# Proteja los archivos de configuración del cliente IKEv2
# con una contraseña
# - De forma predeterminada, no se requiere contraseña
#   al importar la configuración del cliente IKEv2
# - Establezca esta variable si desea proteger estos
#   archivos con una contraseña aleatoria
VPN_PROTECT_CONFIG=yes
```

12 Docker VPN: Uso avanzado

12.1 Especificar servidores DNS alternativos

De forma predeterminada, los clientes están configurados para usar Google Public DNS cuando la VPN está activa. Si se prefiere otro proveedor de DNS, defina `VPN_DNS_SRV1` y, opcionalmente, `VPN_DNS_SRV2` en su archivo env, luego siga las instrucciones en la sección 11.8 para volver a crear el contenedor de Docker. Ejemplo:

```
VPN_DNS_SRV1=1.1.1.1
VPN_DNS_SRV2=1.0.0.1
```

Utilice `VPN_DNS_SRV1` para especificar el servidor DNS principal y `VPN_DNS_SRV2` para especificar el servidor DNS secundario (opcional). Para obtener una lista de algunos proveedores de DNS públicos populares, consulta la sección 2.8 Personalizar las opciones de VPN.

Tenga en cuenta que, si IKEv2 ya está configurado en el contenedor Docker, también deberá editar `/etc/ipsec.d/ikev2.conf` dentro del contenedor Docker y reemplazar `8.8.8.8` y `8.8.4.4` por sus servidores DNS alternativos; luego reinicie el contenedor Docker.

12.2 Ejecutar sin modo privilegiado

Los usuarios avanzados pueden crear un contenedor Docker a partir de esta imagen sin usar el modo privilegiado (reemplaza `./vpn.env` en el comando a continuación con tu propio archivo env).

Nota: Si su host Docker ejecuta CentOS Stream, Oracle Linux 8+, Rocky Linux o AlmaLinux, se recomienda usar el modo privilegiado (consulta la sección 11.5.2). Si desea ejecutar sin modo privilegiado, **debe** ejecutar `modprobe ip_tables` antes de crear el contenedor Docker y también en el arranque.

```
docker run \
    --name ipsec-vpn-server \
```

```
--env-file ./vpn.env \
--restart=always \
-v ikev2-vpn-data:/etc/ipsec.d \
-p 500:500/udp \
-p 4500:4500/udp \
-d --cap-add=NET_ADMIN \
--device=/dev/ppp \
--sysctl net.ipv4.ip_forward=1 \
--sysctl net.ipv4.conf.all.accept_redirects=0 \
--sysctl net.ipv4.conf.all.send_redirects=0 \
--sysctl net.ipv4.conf.all.rp_filter=0 \
--sysctl net.ipv4.conf.default.accept_redirects=0 \
--sysctl net.ipv4.conf.default.send_redirects=0 \
--sysctl net.ipv4.conf.default.rp_filter=0 \
hwdsl2/ipsec-vpn-server
```

Cuando se ejecuta sin modo privilegiado, el contenedor no puede cambiar la configuración de `sysctl`. Esto podría afectar ciertas características de esta imagen. Un problema conocido es que la corrección de MTU/MSS de Android/Linux (sección 7.3.6) también requiere agregar `--sysctl net.ipv4.ip_no_pmtu_disc=1` al comando `docker run`. Si encuentra algún problema, intente volver a crear el contenedor usando el modo privilegiado (consulta la sección 11.5.2).

Después de crear el contenedor Docker, consulta la sección 11.5.3 Recuperar los detalles de inicio de sesión de VPN.

De forma similar, si usa Docker Compose, puede reemplazar `privileged: true` en https://github.com/hwdsl2/docker-ipsec-vpn-server/blob/master/docker-compose.yml con:

```
cap_add:
  - NET_ADMIN
devices:
  - "/dev/ppp:/dev/ppp"
sysctls:
  - net.ipv4.ip_forward=1
  - net.ipv4.conf.all.accept_redirects=0
  - net.ipv4.conf.all.send_redirects=0
```

```
- net.ipv4.conf.all.rp_filter=0
- net.ipv4.conf.default.accept_redirects=0
- net.ipv4.conf.default.send_redirects=0
- net.ipv4.conf.default.rp_filter=0
```

Para obtener más información, consulta la referencia del archivo de composición:
https://docs.docker.com/compose/compose-file/

12.3 Seleccionar modos VPN

Al utilizar esta imagen de Docker, los modos IPsec/L2TP e IPsec/XAuth ("Cisco IPsec") están habilitados de forma predeterminada. Además, el modo IKEv2 se habilitará si se especifica la opción `-v ikev2-vpn-data:/etc/ipsec.d` en el comando `docker run` al crear el contenedor de Docker. Consulta la sección 11.5.2.

Los usuarios avanzados pueden deshabilitar de forma selectiva los modos VPN configurando las siguientes variables en el archivo `env` y luego volviendo a crear el contenedor de Docker.

Deshabilitar el modo IPsec/L2TP:

```
VPN_DISABLE_IPSEC_L2TP=yes
```

Deshabilitar el modo IPsec/XAuth ("Cisco IPsec"):

```
VPN_DISABLE_IPSEC_XAUTH=yes
```

Deshabilitar los modos IPsec/L2TP e IPsec/XAuth:

```
VPN_IKEV2_ONLY=yes
```

12.4 Acceder a otros contenedores en el host de Docker

Después de conectarse a la VPN, los clientes de la VPN generalmente pueden acceder a los servicios que se ejecutan en otros contenedores en el mismo host de Docker, sin configuración adicional.

118

Por ejemplo, si el contenedor del servidor de VPN IPsec tiene la IP
172.17.0.2 y un contenedor Nginx con la IP 172.17.0.3 se ejecuta en el
mismo host de Docker, los clientes de la VPN pueden usar la IP 172.17.0.3
para acceder a los servicios en el contenedor Nginx. Para averiguar qué IP
está asignada a un contenedor, ejecute `docker inspect <container name>`.

12.5 Especifique la IP pública del servidor VPN

En los hosts de Docker con múltiples direcciones IP públicas, los usuarios
avanzados pueden especificar una IP pública para el servidor VPN utilizando
la variable `VPN_PUBLIC_IP` en el archivo env y luego volver a crear el
contenedor de Docker. Por ejemplo, si el host de Docker tiene las IP
192.0.2.1 y 192.0.2.2, y desea que el servidor VPN utilice 192.0.2.2:

```
VPN_PUBLIC_IP=192.0.2.2
```

Tenga en cuenta que esta variable no tiene efecto para el modo IKEv2 si
IKEv2 ya está configurado en el contenedor de Docker. En este caso, puede
eliminar IKEv2 y configurarlo nuevamente utilizando opciones
personalizadas. Consulte la sección 11.9 Configurar y usar VPN IKEv2.

Puede ser necesaria una configuración adicional si desea que los clientes de
la VPN utilicen la IP pública especificada como su "IP de salida" cuando la
conexión VPN esté activa y la IP especificada NO sea la IP principal (o la ruta
predeterminada) en el host de Docker. En este caso, puede intentar agregar
una regla `SNAT` de iptables en el host de Docker. Para que persista después
del reinicio, puede agregar el comando a /etc/rc.local.

Continuando con el ejemplo anterior, si el contenedor de Docker tiene la IP
interna 172.17.0.2 (verifíquela con `docker inspect ipsec-vpn-server`), el
nombre de la interfaz de red de Docker es docker0 (verifíquelo con `iptables
-nvL -t nat`) y desea que la "IP de salida" sea 192.0.2.2:

```
iptables -t nat -I POSTROUTING -s 172.17.0.2 ! -o docker0 \
  -j SNAT --to 192.0.2.2
```

Para comprobar la "IP de salida" de un cliente de la VPN conectado, puede
abrir un navegador en el cliente y buscar su dirección IP en Google.

119

12.6 Asignar IP estáticas a clientes VPN

Al conectarse mediante el modo IPsec/L2TP, el servidor VPN (contenedor de Docker) tiene la IP interna `192.168.42.1` dentro de la subred VPN `192.168.42.0/24`. A los clientes se les asignan IP internas desde `192.168.42.10` hasta `192.168.42.250`. Para comprobar qué IP está asignada a un cliente, vea el estado de la conexión en el cliente VPN.

Al conectarse mediante el modo IPsec/XAuth ("Cisco IPsec") o IKEv2, el servidor VPN (contenedor de Docker) NO tiene una IP interna dentro de la subred VPN `192.168.43.0/24`. A los clientes se les asignan IP internas desde `192.168.43.10` hasta `192.168.43.250`.

Los usuarios avanzados pueden asignar opcionalmente IP estáticas a los clientes de la VPN. El modo IKEv2 NO admite esta función. Para asignar IP estáticas, declare la variable `VPN_ADDL_IP_ADDRS` en su archivo env y luego vuelva a crear el contenedor de Docker. Ejemplo:

```
VPN_ADDL_USERS=user1 user2 user3 user4 user5
VPN_ADDL_PASSWORDS=pass1 pass2 pass3 pass4 pass5
VPN_ADDL_IP_ADDRS=* * 192.168.42.2 192.168.43.2
```

En este ejemplo, asignamos la dirección IP estática `192.168.42.2` a `user3` para el modo IPsec/L2TP, y asignamos la dirección IP estática `192.168.43.2` a `user4` para el modo IPsec/XAuth ("Cisco IPsec"). Las direcciones IP internas para `user1`, `user2` y `user5` se asignarán automáticamente. La dirección IP interna para `user3` en el modo IPsec/XAuth y la dirección IP interna para `user4` en el modo IPsec/L2TP también se asignarán automáticamente. Puede utilizar $*$ para especificar direcciones IP asignadas automáticamente o colocar esos usuarios al final de la lista.

Las direcciones IP estáticas que especifique para el modo IPsec/L2TP deben estar dentro del rango de `192.168.42.2` a `192.168.42.9`. Las direcciones IP estáticas que especifique para el modo IPsec/XAuth ("Cisco IPsec") deben estar dentro del rango de `192.168.43.2` a `192.168.43.9`.

Si necesita asignar más direcciones IP estáticas, debe reducir el grupo de direcciones IP asignadas automáticamente. Ejemplo:

```
VPN_L2TP_POOL=192.168.42.100–192.168.42.250
VPN_XAUTH_POOL=192.168.43.100–192.168.43.250
```

Esto le permitirá asignar direcciones IP estáticas dentro del rango de
192.168.42.2 a 192.168.42.99 para el modo IPsec/L2TP, y dentro del rango
de 192.168.43.2 a 192.168.43.99 para el modo IPsec/XAuth ("Cisco
IPsec").

Tenga en cuenta que si especifica `VPN_XAUTH_POOL` en el archivo env e IKEv2
ya está configurado en el contenedor de Docker, **debe** editar manualmente
`/etc/ipsec.d/ikev2.conf` dentro del contenedor y reemplazar
`rightaddresspool=192.168.43.10–192.168.43.250` por el **mismo valor**
que `VPN_XAUTH_POOL`, antes de volver a crear el contenedor de Docker. De lo
contrario, IKEv2 puede dejar de funcionar.

Nota: En su archivo env, NO coloque "" o '' alrededor de los valores ni
agregue espacio alrededor de =. NO use estos caracteres especiales dentro de
los valores: \ " '.

12.7 Personalizar subredes de VPN internas

De forma predeterminada, los clientes VPN IPsec/L2TP usarán la subred
VPN interna 192.168.42.0/24, mientras que los clientes VPN IPsec/XAuth
("Cisco IPsec") e IKEv2 usarán la subred VPN interna 192.168.43.0/24.
Para obtener más información, lea la sección anterior.

Para la mayoría de los casos de uso, NO es necesario y NO se recomienda
personalizar estas subredes. Sin embargo, si su caso de uso lo requiere,
puede especificar subredes personalizadas en su archivo env; luego debe
volver a crear el contenedor de Docker.

```
# Ejemplo: Especificar subred VPN personalizada
#          para el modo IPsec/L2TP
# Nota: Las tres variables deben estar especificadas.
VPN_L2TP_NET=10.1.0.0/16
VPN_L2TP_LOCAL=10.1.0.1
VPN_L2TP_POOL=10.1.0.10–10.1.254.254
```

```
# Ejemplo: Especificar una subred VPN personalizada
#          para los modos IPsec/XAuth e IKEv2
# Nota: Se deben especificar ambas variables.
VPN_XAUTH_NET=10.2.0.0/16
VPN_XAUTH_POOL=10.2.0.10-10.2.254.254
```

Nota: En su archivo env, NO coloque "" o '' alrededor de los valores ni agregue espacio alrededor de =.

En los ejemplos anteriores, `VPN_L2TP_LOCAL` es la IP interna del servidor VPN para el modo IPsec/L2TP. `VPN_L2TP_POOL` y `VPN_XAUTH_POOL` son los grupos de direcciones IP asignadas automáticamente para los clientes VPN.

Tenga en cuenta que si especifica `VPN_XAUTH_POOL` en el archivo env e IKEv2 ya está configurado en el contenedor de Docker, **debe** editar manualmente `/etc/ipsec.d/ikev2.conf` dentro del contenedor y reemplazar `rightaddresspool=192.168.43.10-192.168.43.250` por el **mismo valor** que `VPN_XAUTH_POOL`, antes de volver a crear el contenedor de Docker. De lo contrario, IKEv2 puede dejar de funcionar.

12.8 Acerca del modo de red de host

Los usuarios avanzados pueden ejecutar esta imagen en modo de red de host (https://docs.docker.com/network/host/), agregando `--network=host` al comando `docker run`.

El modo de red de host NO se recomienda para esta imagen, a menos que su caso de uso lo requiera. En este modo, la pila de red del contenedor no está aislada del host de Docker, y los clientes VPN pueden acceder a los puertos o servicios en el host de Docker usando su IP VPN interna `192.168.42.1` después de conectarse mediante el modo IPsec/L2TP. Tenga en cuenta que deberá limpiar manualmente los cambios en las reglas de iptables y la configuración de sysctl mediante run.sh (https://github.com/hwdsl2/docker-ipsec-vpn-server/blob/master/run.sh) o reiniciar el servidor cuando ya no use esta imagen.

Algunos sistemas operativos host de Docker, como Debian 10, no pueden ejecutar esta imagen en el modo de red de host debido al uso de nftables.

12.9 Habilitar registros de Libreswan

Para mantener pequeña la imagen de Docker, los registros de Libreswan (IPsec) no están habilitados de manera predeterminada. Si necesita habilitarlos para solucionar problemas, primero inicie una sesión de Bash en el contenedor en ejecución:

```
docker exec -it ipsec-vpn-server env TERM=xterm bash -l
```

Luego ejecute los siguientes comandos:

```
# Para imágenes basadas en Alpine
apk add --no-cache rsyslog
rsyslogd
rc-service ipsec stop; rc-service -D ipsec start >/dev/null 2>&1
sed -i '\|pluto\.pid|a rm -f /var/run/rsyslogd.pid; rsyslogd' \
  /opt/src/run.sh
exit
# Para imágenes basadas en Debian
apt-get update && apt-get -y install rsyslog
rsyslogd
service ipsec restart
sed -i '\|pluto\.pid|a rm -f /var/run/rsyslogd.pid; rsyslogd' \
  /opt/src/run.sh
exit
```

Nota: El error `rsyslogd: imklog: cannot open kernel log` es normal si usa esta imagen de Docker sin el modo privilegiado.

Cuando haya terminado, puede verificar los registros de Libreswan con:

```
docker exec -it ipsec-vpn-server grep pluto /var/log/auth.log
```

Para verificar los registros de xl2tpd, ejecute `docker logs ipsec-vpn-server`.

12.10 Verificar el estado del servidor

Verifique el estado del servidor de VPN IPsec:

```
docker exec -it ipsec-vpn-server ipsec status
```

Mostrar las conexiones VPN establecidas actualmente:

```
docker exec -it ipsec-vpn-server ipsec trafficstatus
```

12.11 Generar desde el código fuente

Los usuarios avanzados pueden descargar y compilar el código fuente desde GitHub:

```
git clone https://github.com/hwdsl2/docker-ipsec-vpn-server
cd docker-ipsec-vpn-server
# Para crear una imagen basada en Alpine
docker build -t hwdsl2/ipsec-vpn-server .
# Para crear una imagen basada en Debian
docker build -f Dockerfile.debian \
  -t hwdsl2/ipsec-vpn-server:debian .
```

O use lo siguiente si no modifica el código fuente:

```
# Para crear una imagen basada en Alpine
docker build -t hwdsl2/ipsec-vpn-server \
  github.com/hwdsl2/docker-ipsec-vpn-server
# Para crear una imagen basada en Debian
docker build -f Dockerfile.debian \
  -t hwdsl2/ipsec-vpn-server:debian \
  github.com/hwdsl2/docker-ipsec-vpn-server
```

12.12 Shell de Bash dentro del contenedor

Para iniciar una sesión de Bash en el contenedor en ejecución:

```
docker exec -it ipsec-vpn-server env TERM=xterm bash -l
```

(Opcional) Instale el editor nano:

```
# Para imágenes basadas en Alpine
apk add --no-cache nano
```

```
# Para imágenes basadas en Debian
apt-get update && apt-get -y install nano
```

Luego, ejecute los comandos dentro del contenedor. Cuando haya terminado, salga del contenedor y reinícielo si es necesario:

```
exit
docker restart ipsec-vpn-server
```

12.13 Montaje enlazado del archivo env

Como alternativa a la opción `--env-file`, los usuarios avanzados pueden montar de forma enlazada el archivo env. La ventaja de este método es que, después de actualizar el archivo env, puede reiniciar el contenedor de Docker para que surta efecto en lugar de volver a crearlo. Para usar este método, primero debe editar su archivo env y usar comillas simples `' '` para encerrar los valores de todas las variables. Luego, vuelva a crear el contenedor de Docker (reemplace el primer `vpn.env` con su propio archivo env):

```
docker run \
    --name ipsec-vpn-server \
    --restart=always \
    -v "$(pwd)/vpn.env:/opt/src/env/vpn.env:ro" \
    -v ikev2-vpn-data:/etc/ipsec.d \
    -v /lib/modules:/lib/modules:ro \
    -p 500:500/udp \
    -p 4500:4500/udp \
    -d --privileged \
    hwdsl2/ipsec-vpn-server
```

12.14 Túnel dividido para IKEv2

Con el túnel dividido, los clientes VPN solo enviarán tráfico para una subred de destino específica a través del túnel VPN. El resto del tráfico NO pasará por el túnel VPN. Esto le permite obtener acceso seguro a una red a través de su VPN, sin enrutar todo el tráfico de su cliente a través de la VPN. El túnel dividido tiene algunas limitaciones y no es compatible con todos los clientes VPN.

Los usuarios avanzados pueden habilitar opcionalmente el túnel dividido para el modo IKEv2. Agregue la variable `VPN_SPLIT_IKEV2` a su archivo env y luego vuelva a crear el contenedor de Docker. Por ejemplo, si la subred de destino es `10.123.123.0/24`:

```
VPN_SPLIT_IKEV2=10.123.123.0/24
```

Tenga en cuenta que esta variable no tiene efecto si IKEv2 ya está configurado en el contenedor de Docker. En este caso, tiene dos opciones:

Opción 1: Primero inicie un shell Bash dentro del contenedor (consulte la sección 12.12), luego edite `/etc/ipsec.d/ikev2.conf` y reemplace `leftsubnet=0.0.0.0/0` por la subred deseada. Cuando haya terminado, escriba `exit` para salir del contenedor y ejecute `docker restart ipsec-vpn-server`.

Opción 2: Elimine tanto el contenedor de Docker como el volumen `ikev2-vpn-data`, luego vuelva a crear el contenedor de Docker. Toda la configuración de la VPN se eliminará **permanentemente**. Consulte "Eliminar IKEv2" en la sección 11.9 Configurar y usar VPN IKEv2.

Como alternativa, los usuarios de Windows pueden habilitar la tunelización dividida agregando rutas manualmente. Para obtener más información, consulte la sección 8.7 Túnel dividido.

13 Crea tu propio servidor de OpenVPN

Consulta este proyecto en la web: https://github.com/hwdsl2/openvpn-install

Utiliza este script de instalación del servidor de OpenVPN para configurar tu propio servidor VPN en tan solo unos minutos, incluso si no has utilizado OpenVPN antes. OpenVPN es un protocolo VPN de código abierto, robusto y muy flexible.

Este script es compatible con Ubuntu, Debian, AlmaLinux, Rocky Linux, CentOS, Fedora, openSUSE, Amazon Linux 2 y Raspberry Pi OS.

13.1 Características

- Configuración del servidor de OpenVPN totalmente automatizada, sin necesidad de intervención del usuario
- Admite instalación interactiva mediante opciones personalizadas
- Genera perfiles de VPN para configurar automáticamente dispositivos Windows, macOS, iOS y Android
- Admite la gestión de usuarios y certificados de OpenVPN
- Optimiza la configuración de `sysctl` para mejorar el rendimiento de la VPN

13.2 Instalación

Primero, descarga el script en tu servidor Linux*:

```
wget -O openvpn.sh https://get.vpnsetup.net/ovpn
```

* Un servidor en la nube, un servidor privado virtual (VPS) o un servidor dedicado.

Opción 1: Instalar OpenVPN automáticamente usando las opciones predeterminadas.

```
sudo bash openvpn.sh --auto
```

Para servidores con un firewall externo (p. ej., EC2/GCE), abre el puerto UDP 1194 para la VPN.

Ejemplo:

```
$ sudo bash openvpn.sh --auto


OpenVPN Script
https://github.com/hwdsl2/openvpn-install


Starting OpenVPN setup using default options.


Server IP: 192.0.2.1
Port: UDP/1194
Client name: client
Client DNS: Google Public DNS


Installing OpenVPN, please wait...
+ apt-get -yqq update
+ apt-get -yqq --no-install-recommends install openvpn
+ apt-get -yqq install openssl ca-certificates
+ ./easyrsa --batch init-pki
+ ./easyrsa --batch build-ca nopass
+ ./easyrsa --batch --days=3650 build-server-full server nopass
+ ./easyrsa --batch --days=3650 build-client-full client nopass
+ ./easyrsa --batch --days=3650 gen-crl
+ openvpn --genkey --secret /etc/openvpn/server/tc.key
+ systemctl enable --now openvpn-iptables.service
+ systemctl enable --now openvpn-server@server.service

Finished!


The client configuration is available in: /root/client.ovpn
New clients can be added by running this script again.
```

Después de la configuración, puedes ejecutar el script nuevamente para administrar usuarios o desinstalar OpenVPN.

Próximos pasos: Haz que tu computadora o dispositivo utilice la VPN. Consulta:

14 Configurar clientes de OpenVPN

¡Disfruta de tu propia VPN!

Opción 2: Instalación interactiva usando opciones personalizadas.

```
sudo bash openvpn.sh
```

Puedes personalizar las siguientes opciones: nombre de DNS, protocolo (TCP/UDP) y puerto, servidor de DNS y nombre del primer cliente del servidor de VPN.

Para servidores con un firewall externo, abre el puerto TCP o UDP seleccionado para la VPN.

Pasos de ejemplo (reemplázalos con tus propios valores):

Nota: Estas opciones pueden cambiar en versiones más actualizadas del script. Lee atentamente antes de seleccionar la opción que desees.

```
$ sudo bash openvpn.sh

Welcome to this OpenVPN server installer!
GitHub: https://github.com/hwdsl2/openvpn-install

I need to ask you a few questions before starting setup. You can
use the default options and just press enter if you are OK with
them.
```

Introduce el nombre de DNS del servidor de VPN:

```
Do you want OpenVPN clients to connect to this server using a DNS
name, e.g. vpn.example.com, instead of its IP address? [y/N] y

Enter the DNS name of this VPN server: vpn.example.com
```

Selecciona el protocolo y el puerto para OpenVPN:

```
Which protocol should OpenVPN use?
    1) UDP (recommended)
    2) TCP
Protocol [1]:

Which port should OpenVPN listen to?
Port [1194]:
```

Selecciona servidores de DNS:

```
Select a DNS server for the clients:
    1) Current system resolvers
    2) Google Public DNS
    3) Cloudflare DNS
    4) OpenDNS
    5) Quad9
    6) AdGuard DNS
    7) Custom
DNS server [2]:
```

Proporciona un nombre para el primer cliente:

```
Enter a name for the first client:
Name [client]:
```

Confirma e inicia la instalación de OpenVPN:

```
OpenVPN installation is ready to begin.
Do you want to continue? [Y/n]
```

▼ Si no puedes descargarlo, sigue los pasos a continuación.

También puedes usar `curl` para descargar:

```
curl -fL -o openvpn.sh https://get.vpnsetup.net/ovpn
```

Luego siga las instrucciones anteriores para instalarlo.

URL de descarga alternativas:

```
https://github.com/hwdsl2/openvpn-install/raw/master/openvpn-
install.sh
```

```
https://gitlab.com/hwdsl2/openvpn-install/-/raw/master/openvpn-
install.sh
```
▼ Avanzado: Instalación automática usando opciones personalizadas.

Los usuarios avanzados pueden instalar automáticamente OpenVPN usando
opciones personalizadas, especificando opciones de línea de comandos al
ejecutar el script. Para obtener más información, ejecute:

```
sudo bash ovpn.sh -h
```

Como alternativa, puede proporcionar un "here document" de Bash como
entrada al script de configuración. Este método también se puede utilizar
para proporcionar información para administrar usuarios después de la
instalación.

Primero, instale OpenVPN de forma interactiva utilizando opciones
personalizadas y escriba todas sus respuestas en el script.

```
sudo bash ovpn.sh
```

Si necesita eliminar OpenVPN, ejecute el script nuevamente y seleccione la
opción adecuada.

A continuación, cree el comando de instalación personalizado utilizando sus
respuestas. Ejemplo:

```
sudo bash ovpn.sh <<ANSWERS
n
1
1194
2
client
y
ANSWERS
```

Nota: Las opciones de instalación pueden cambiar en futuras versiones del
script.

13.3 Próximos pasos

Después de la configuración, puedes ejecutar el script nuevamente para administrar usuarios o desinstalar OpenVPN.

Haz que tu computadora o dispositivo utilice la VPN. Consulta:

14 Configurar clientes de OpenVPN

¡Disfruta de tu propia VPN!

14 Configurar clientes de OpenVPN

Los clientes de OpenVPN (https://openvpn.net/vpn-client/) están disponibles para Windows, macOS, iOS y Android. Los usuarios de macOS también pueden usar Tunnelblick (https://tunnelblick.net).

Para agregar una conexión de VPN, primero transfiere de forma segura el archivo ".ovpn" generado a tu dispositivo, luego abre la aplicación OpenVPN e importa el perfil de VPN.

Para administrar clientes de OpenVPN, ejecuta nuevamente el script de instalación: "sudo bash openvpn.sh". Consulta el capítulo 15 para obtener más información.

- Plataformas
  - Windows
  - macOS
  - Android
  - iOS (iPhone/iPad)

Clientes de OpenVPN: https://openvpn.net/vpn-client/

14.1 Windows

1. Transfiere de forma segura el archivo ".ovpn" generado a tu computadora.
2. Instala e inicia el cliente de VPN **OpenVPN Connect**.
3. En la pantalla **Get connected**, haz clic en la pestaña **Upload file**.
4. Arrastra y suelta el archivo ".ovpn" en la ventana, o busca y selecciona el archivo ".ovpn", y luego haz clic en **Abrir**.
5. Haz clic en **Connect**.

14.2 macOS

1. Transfiere de forma segura el archivo ".ovpn" generado a tu computadora.

2. Instala e inicia Tunnelblick (https://tunnelblick.net).

3. En la pantalla de bienvenida, haz clic en **Tengo archivos de configuración**.

4. En la pantalla **Añadir una configuración**, haz clic en **OK**.

5. Haz clic en el icono de Tunnelblick en la barra de menú y, entonces, selecciona **Detalles de VPN**.

6. Arrastra y suelta el archivo ".ovpn" en la ventana **Configuraciones** (panel izquierdo).

7. Sigue las instrucciones que aparecen en pantalla para instalar el perfil de OpenVPN.

8. Haz clic en **Conectar**.

14.3 Android

1. Transfiere de forma segura el archivo ".ovpn" generado a tu dispositivo Android.

2. Instala y ejecuta **OpenVPN Connect** desde **Google Play**.

3. En la pantalla **Get connected**, pulsa la pestaña **Upload file**.

4. Pulsa **Browse** y, entonces, busca y selecciona el archivo ".ovpn".
   Nota: Para encontrar el archivo ".ovpn", pulsa el botón de menú de tres líneas y, entonces, busca la ubicación en la que guardaste el archivo.

5. En la pantalla **Imported Profile**, pulsa **Connect**.

14.4 iOS (iPhone/iPad)

Primero, instala e inicia **OpenVPN Connect** desde la **App Store**. Luego, transfiere de forma segura el archivo ".ovpn" generado a tu dispositivo iOS. Para transferir el archivo, puedes seguir los siguientes pasos:

1. Envía el archivo por AirDrop y ábrelo con OpenVPN, o

2. Súbelo a tu dispositivo (carpeta de la aplicación OpenVPN) usando compartir archivos (https://support.apple.com/es-us/119585), luego inicia la aplicación OpenVPN Connect y pulsa la pestaña **File**.

Cuando hayas terminado, pulsa **Add** para importar el perfil VPN, luego pulsa **Connect**.

Para personalizar la configuración de la aplicación OpenVPN Connect, pulsa el botón de menú de tres líneas y luego pulsa **Settings**.

15 OpenVPN: Administrar clientes de VPN

Después de configurar el servidor de OpenVPN, puede administrar los clientes de OpenVPN siguiendo las instrucciones de esta sección. Por ejemplo, puede agregar nuevos clientes de VPN al servidor para sus computadoras y dispositivos móviles adicionales, listar los clientes de VPN existentes o exportar la configuración de un cliente existente.

Para administrar clientes de OpenVPN, primero conéctese a tu servidor usando SSH, luego ejecuta:

```
sudo bash openvpn.sh
```

Verás las siguientes opciones:

```
OpenVPN is already installed.

Select an option:
 1) Add a new client
 2) Export config for an existing client
 3) List existing clients
 4) Revoke an existing client
 5) Remove OpenVPN
 6) Exit
```

Luego puedes ingresar la opción que desees para agregar, exportar, listar o revocar clientes de OpenVPN.

Nota: Estas opciones pueden cambiar en versiones más actualizadas del script. Lee atentamente antes de seleccionar la opción deseada.

Alternativamente, puedes ejecutar "openvpn.sh" con opciones de línea de comandos. Lee a continuación para obtener más información.

15.1 Agregar un nuevo cliente

Para agregar un nuevo cliente de OpenVPN:

1. Selecciona la opción 1 del menú, escribiendo 1 y presionando enter.
2. Proporciona un nombre para el nuevo cliente.

Alternativamente, puedes ejecutar "openvpn.sh" con la opción "--addclient". Utiliza la opción "-h" para mostrar el uso.

```
sudo bash openvpn.sh --addclient [nombre del cliente]
```

Próximos pasos: Configurar clientes de OpenVPN. Consulta el capítulo 14 para obtener más información.

15.2 Exportar un cliente existente

Para exportar la configuración de OpenVPN para un cliente existente:

1. Selecciona la opción 2 del menú, escribiendo 2 y presionando enter.
2. De la lista de clientes existentes, selecciona el cliente que deseas exportar.

Alternativamente, puedes ejecutar "openvpn.sh" con la opción "--exportclient".

```
sudo bash openvpn.sh --exportclient [nombre del cliente]
```

15.3 Listar clientes existentes

Selecciona la opción 3 del menú, escribiendo 3 y presionando enter. El script mostrará una lista de los clientes de OpenVPN existentes.

Alternativamente, puedes ejecutar "openvpn.sh" con la opción "--listclients".

```
sudo bash openvpn.sh --listclients
```

15.4 Revocar un cliente

En determinadas circunstancias, puede que necesites revocar un certificado de cliente de OpenVPN generado anteriormente.

1. Selecciona la opción 4 del menú, escribiendo 4 y presionando enter.
2. De la lista de clientes existentes, selecciona el cliente que deseas revocar.
3. Confirma la revocación del cliente.

Alternativamente, puedes ejecutar "openvpn.sh" con la opción "--revokeclient".

```
sudo bash openvpn.sh --revokeclient [nombre del cliente]
```

16 Crea tu propio servidor de WireGuard VPN

Consulta este proyecto en la web: https://github.com/hwdsl2/wireguard-install

Utiliza este script de instalación del servidor de WireGuard VPN para configurar tu propio servidor VPN en tan solo unos minutos, incluso si no has utilizado WireGuard antes. WireGuard es una VPN rápida y moderna diseñada con los objetivos de facilidad de uso y alto rendimiento.

Este script es compatible con Ubuntu, Debian, AlmaLinux, Rocky Linux, CentOS, Fedora, openSUSE y Raspberry Pi OS.

16.1 Características

- Configuración del servidor de WireGuard VPN totalmente automatizada, sin necesidad de intervención del usuario
- Admite la instalación interactiva mediante opciones personalizadas
- Genera perfiles de VPN para configurar automáticamente dispositivos Windows, macOS, iOS y Android
- Admite la gestión de usuarios de WireGuard VPN
- Optimiza la configuración de `sysctl` para mejorar el rendimiento de la VPN

16.2 Instalación

Primero, descarga el script en tu servidor Linux*:

```
wget -O wireguard.sh https://get.vpnsetup.net/wg
```

* Un servidor en la nube, un servidor privado virtual (VPS) o un servidor dedicado.

Opción 1: Instalar WireGuard automáticamente usando las opciones predeterminadas.

139

```
sudo bash wireguard.sh --auto
```

Para servidores con un firewall externo (p. ej., EC2/GCE), abre el puerto UDP 51820 para la VPN.

Ejemplo:

```
$ sudo bash wireguard.sh --auto

WireGuard Script
https://github.com/hwdsl2/wireguard-install

Starting WireGuard setup using default options.

Server IP: 192.0.2.1
Port: UDP/51820
Client name: client
Client DNS: Google Public DNS

Installing WireGuard, please wait...
+ apt-get -yqq update
+ apt-get -yqq install wireguard qrencode
+ systemctl enable --now wg-iptables.service
+ systemctl enable --now wg-quick@wg0.service


--------------------------------------------
| Código QR para configuración del cliente |
--------------------------------------------
↑ That is a QR code containing the client configuration.

Finished!


The client configuration is available in: /root/client.conf
New clients can be added by running this script again.
```

Después de la configuración, puedes ejecutar el script nuevamente para administrar usuarios o desinstalar WireGuard.

Próximos pasos: Haz que tu computadora o dispositivo utilice la VPN. Consulta:

17 Configurar clientes de WireGuard VPN

¡Disfruta de tu propia VPN!

Opción 2: Instalación interactiva usando opciones personalizadas.

```
sudo bash wireguard.sh
```

Puedes personalizar las siguientes opciones: Nombre de DNS del servidor, puerto UDP, servidor de DNS y nombre del primer cliente VPN.

Para servidores con un firewall externo, abre el puerto UDP seleccionado para la VPN.

Pasos de ejemplo (reemplázalos con tus propios valores):

Nota: Estas opciones pueden cambiar en versiones más actualizadas del script. Lee atentamente antes de seleccionar la opción que desees.

```
$ sudo bash wireguard.sh

Welcome to this WireGuard server installer!
GitHub: https://github.com/hwdsl2/wireguard-install


I need to ask you a few questions before starting setup. You can
use the default options and just press enter if you are OK with
them.
```

Introduce el nombre de DNS del servidor VPN:

```
Do you want WireGuard VPN clients to connect to this server using
a DNS name, e.g. vpn.example.com, instead of its IP address? [y/N]
y
```

```
Enter the DNS name of this VPN server: vpn.example.com
```

Selecciona un puerto UDP para WireGuard:

```
Which port should WireGuard listen to?
Port [51820]:
```

Proporciona un nombre para el primer cliente:

```
Enter a name for the first client:
Name [client]:
```

Selecciona servidores DNS:

```
Select a DNS server for the client:
    1) Current system resolvers
    2) Google Public DNS
    3) Cloudflare DNS
    4) OpenDNS
    5) Quad9
    6) AdGuard DNS
    7) Custom
DNS server [2]:
```

Confirma e inicia la instalación de WireGuard:

```
WireGuard installation is ready to begin.
Do you want to continue? [Y/n]
```

▼ Si no puedes descargarlo, sigue los pasos a continuación.

También puedes usar `curl` para descargar:

```
curl -fL -o wireguard.sh https://get.vpnsetup.net/wg
```

Luego siga las instrucciones anteriores para instalarlo.

URL de descarga alternativas:

```
https://github.com/hwdsl2/wireguard-install/raw/master/wireguard-
install.sh
https://gitlab.com/hwdsl2/wireguard-
install/-/raw/master/wireguard-install.sh
```

▼ Avanzado: Instalación automática usando opciones personalizadas.

Los usuarios avanzados pueden instalar automáticamente WireGuard usando opciones personalizadas, especificando opciones de línea de comandos al ejecutar el script. Para obtener más información, ejecute:

```
sudo bash wireguard.sh -h
```

Como alternativa, puede proporcionar un "here document" de Bash como entrada al script de instalación. Este método también se puede utilizar para proporcionar información para administrar usuarios después de la instalación.

Primero, instale WireGuard de forma interactiva usando opciones personalizadas y escriba todas sus respuestas en el script.

```
sudo bash wireguard.sh
```

Si necesita eliminar WireGuard, ejecute el script nuevamente y seleccione la opción adecuada.

A continuación, cree el comando de instalación personalizado usando sus respuestas. Ejemplo:

```
sudo bash wireguard.sh <<ANSWERS
n
51820
client
2
y
ANSWERS
```

Nota: Las opciones de instalación pueden cambiar en futuras versiones del script.

16.3 Próximos pasos

Después de la configuración, puedes ejecutar el script nuevamente para administrar usuarios o desinstalar WireGuard.

Haz que tu computadora o dispositivo utilice la VPN. Consulta:

17 Configurar clientes de WireGuard VPN

¡Disfruta de tu propia VPN!

17 Configurar clientes de WireGuard VPN

Los clientes de WireGuard VPN están disponibles para Windows, macOS, iOS y Android:

https://www.wireguard.com/install/

Para agregar una conexión de VPN, abre la aplicación de WireGuard en tu dispositivo móvil, toca el botón de "Agregar" y escanea el código QR generado en la salida del script.

Para Windows y macOS, primero transfiere de forma segura el archivo ".conf" generado a tu computadora, luego abre WireGuard e importa el archivo.

Para administrar los clientes VPN de WireGuard, ejecuta nuevamente el script de instalación: "sudo bash wireguard.sh". Consulta el capítulo 18 para obtener más información.

- Plataformas
  - Windows
  - macOS
  - Android
  - iOS (iPhone/iPad)

Clientes de WireGuard VPN:
https://www.wireguard.com/install/

17.1 Windows

1. Transfiere de forma segura el archivo ".conf" generado a tu computadora.
2. Instala e inicia el cliente de VPN **WireGuard**.
3. Haz clic en **Importar túnel(es) desde archivo**.
4. Busca y selecciona el archivo ".conf", luego haz clic en **Abrir**.
5. Haz clic en **Activar**.

17.2 macOS

1. Transfiere de forma segura el archivo ".conf" generado a tu computadora.
2. Instala e inicia la aplicación **WireGuard** desde la **App Store**.
3. Haz clic en **Importar túnel(es) desde archivo**.
4. Busca y selecciona el archivo ".conf", luego haz clic en **Importar**.
5. Haz clic en **Activo**.

17.3 Android

1. Instala y ejecuta la aplicación **WireGuard** desde **Google Play**.
2. Pulsa el botón "+" y, entonces, pulsa **Escanear desde código QR**.
3. Escanea el código QR generado en la salida del script del VPN.
4. Introduce lo que quieras para el **Nombre del túnel**.
5. Pulsa **Crear túnel**.
6. Desliza el interruptor a la posición ON para el nuevo perfil de VPN.

17.4 iOS (iPhone/iPad)

1. Instala y ejecuta la aplicación **WireGuard** desde **App Store**.
2. Pulsa **Agregar un túnel** y, entonces, pulsa **Crear desde código QR**.
3. Escanea el código QR generado en la salida del script de VPN.
4. Introduce lo que quieras para el nombre del túnel.
5. Pulsa **Guardar**.
6. Desliza el interruptor a la posición ON para el nuevo perfil de VPN.

18 WireGuard: Administrar clientes de VPN

Después de configurar el servidor de WireGuard, puede administrar los clientes de WireGuard siguiendo las instrucciones de esta sección. Por ejemplo, puede agregar nuevos clientes de VPN al servidor para sus computadoras y dispositivos móviles adicionales, listar los clientes de VPN existentes o eliminar un cliente existente.

Para administrar clientes de WireGuard VPN, primero conéctese a tu servidor usando SSH, luego ejecuta:

```
sudo bash wireguard.sh
```

Verás las siguientes opciones:

```
WireGuard is already installed.

Select an option:
  1) Add a new client
  2) List existing clients
  3) Remove an existing client
  4) Show QR code for a client
  5) Remove WireGuard
  6) Exit
```

Luego puedes ingresar la opción deseada para agregar, listar o eliminar clientes de WireGuard VPN.

Nota: Estas opciones pueden cambiar en versiones más actualizadas del script. Lee atentamente antes de seleccionar la opción deseada.

Alternativamente, puedes ejecutar "wireguard.sh" con opciones de línea de comandos. Lee a continuación para obtener más información.

18.1 Agregar un nuevo cliente

Para agregar un nuevo cliente de WireGuard VPN:

1. Selecciona la opción 1 del menú, escribiendo 1 y presionando enter.
2. Proporciona un nombre para el nuevo cliente.
3. Selecciona un servidor de DNS para el nuevo cliente que se utilizará mientras estás conectado a la VPN.

Alternativamente, puedes ejecutar "wireguard.sh" con la opción "--addclient". Utiliza la opción "-h" para mostrar el uso.

```
sudo bash wireguard.sh --addclient [nombre del cliente]
```

Próximos pasos: Configurar clientes de WireGuard VPN. Consulta el capítulo 17 para obtener más información.

18.2 Listar clientes existentes

Selecciona la opción 2 del menú, escribiendo 2 y presionando enter. El script mostrará una lista de clientes de WireGuard VPN existentes.

Alternativamente, puedes ejecutar "wireguard.sh" con la opción "--listclients".

```
sudo bash wireguard.sh --listclients
```

18.3 Eliminar un cliente

Para eliminar un cliente de WireGuard VPN existente:

1. Selecciona la opción 3 del menú, escribiendo 3 y presionando enter.
2. De la lista de clientes existentes, selecciona el cliente que deseas eliminar.
3. Confirma la eliminación del cliente.

Alternativamente, puedes ejecutar "wireguard.sh" con la opción "--removeclient".

```
sudo bash wireguard.sh --removeclient [nombre del cliente]
```

18.4 Mostrar el código QR de un cliente

Para mostrar el código QR de un cliente existente:

1. Selecciona la opción 4 del menú, escribiendo 4 y presionando Enter.
2. De la lista de clientes existentes, selecciona el cliente para el que deseas ver el código QR.

Alternativamente, puedes ejecutar "wireguard.sh" con la opción "--showclientqr".

```
sudo bash wireguard.sh --showclientqr [nombre del cliente]
```

Puedes usar códigos QR para configurar clientes de WireGuard VPN para Android e iOS. Consulta el capítulo 17 para obtener más información.

Acerca del autor

Lin Song, PhD, es un ingeniero de software y desarrollador de código abierto. Creó y sigue manteniendo en la actualidad los proyectos Setup IPsec VPN en GitHub desde 2014, los cuales permiten configurar un servidor de VPN en solo unos minutos. Los proyectos tienen más de 20.000 estrellas en GitHub y más de 30 millones de pulls de Docker, y han ayudado a millones de usuarios a configurar sus propios servidores de VPN.

Conéctate con Lin Song
GitHub: https://github.com/hwdsl2
LinkedIn: https://www.linkedin.com/in/linsongui

¡Gracias por leer! Espero que aproveches al máximo la lectura de este libro. Si el mismo te resultó útil, te agradecería mucho que dejaras una calificación o publicaras una breve reseña.

Gracias,
Lin Song
Autor

www.ingramcontent.com/pod-product-compliance
Lightning Source LLC
LaVergne TN
LVHW081344050326

832903LV00024B/1316